丛书主编○邹登顺

曾学英○编著

西南师范大学出版社
国家一级出版社 全国百佳图书出版单位

图书在版编目（CIP）数据

豆腐 / 曾学英编著. — 重庆 : 西南师范大学出版社, 2015.6（2018.11 重印）
（走向世界的中国文明丛书）
ISBN 978-7-5621-7460-8

Ⅰ. ①豆… Ⅱ. ①曾… Ⅲ. ①豆腐—介绍—中国 Ⅳ. ①TS214.2

中国版本图书馆 CIP 数据核字（2015）第 125817 号

丛书主编　邹登顺
丛书编委　邹登顺　刘行光　沈凤霞　王军平　林　灿　西文斌
　　　　　于智华　朱晓东　周云炜　王名磊　卢静云　王　升
　　　　　曾学英　朱致翔　韦　娜

走向世界的中国文明丛书
豆　腐
DOUFU
曾学英　编著

责任编辑：张昊越
出版策划：双安文化
封面设计：仅仅视觉
版式设计：鞠现红
出版发行：西南师范大学出版社
　　　　　地址：重庆市北碚区天生路 2 号
　　　　　邮编：400715
　　　　　http://www.xscbs.com
经　　销：全国新华书店
印　　刷：香河利华文化发展有限公司
幅面尺寸：170mm × 240mm
印　　张：11.25
字　　数：180 千字
版　　次：2015 年 7 月　第 1 版
印　　次：2018 年 11 月　第 5 次印刷
书　　号：ISBN 978-7-5621-7460-8

定　　价：28.00 元

致读者

倡导“新史学”的梁启超在评述中国文明发展一脉相承、生生不息的同时，从文化交融发展角度指出了中国文明发展的道路：中国之中国、亚洲之中国、世界之中国三阶段。梁氏“三阶段说”独具慧眼，表明中国文明独创之后，走向亚洲，走向世界，与此同时也在拥抱亚洲其他文明和世界文明。中国与世界互为视角，既要坚持“和而不同”，“道并行而不相悖”的智慧，又要有更大视野，考察中国文明不能脱离世界文明的格局，中国文明也对世界有独特价值，并以其独特的方式影响人类文明的发展，做出了应有的贡献。安田朴《中国文化西传欧洲史》如数家珍地介绍，西方魁奈和杜尔哥的重农学派受中国重农风尚影响，古老的冶炼术成就了西方最大的金属工业的基础，中式园林影响西方王府公园，西方眼中的中国式样“开明政治”成为其“理想模式”……凡此都表明18世纪西方“中国热”时，中国文明对西方文明的贡献有力焉。历史上，中国文明向亚洲、欧洲输送了许多发明和思想。从世界范围的历史和现状来看，文明程度之所以如此，中国人民的贡献颇多。中国文明除直接被其他文明吸收外，还包括有美国汉学家史景迁《文化类同与文化利用》书名所示的状况——类同和利用：不同文明从对方那里吸取有益成分，充实其文明甚至成为其文明发展的新鲜血液。由于历史原因，自西方工业革命以后，以科技为代表的文明成就日新，非西方国家和民族都争先恐后地学习西方、模仿西方，于是西化之声盈耳，响彻全球。中国近代以来的西化主流呼声一浪高过一浪，激进成时尚，文化交流渐变成西学东渐，东学西渐虽未绝却细细如缕。时至今日，中国如何走向世界，中国文明如何走向世界，依然是有识之士忧思的大问题。

中国文明走向世界，最基本的意思是从文明交流角度看中国文明如何影响日韩越、欧美非等文明，以及世界文明中的中国形象。除此基本意义外，还有两层意思。首先从反思现代性、后现代性角度看，中国文明具有独特的价值。一脉相承延绵5000多年的文明积淀，不仅为中华民族发展壮大提供了丰厚滋养，而且有独特的普世价值，诸如“天人合一”，即人与自然和谐的观念可以弥补现代化征服自然之偏执。再次就是，中国文明走向世界意味着顺应时代潮流，睁开眼睛看世界，主动去交流，广泛参与世界文明对话，促进文化相互借鉴，逐步改变西方国家对于中国文化的片面认知与刻板印象，树立新形象。这是中华复兴所需的使命所在，也是国家民族文化安全的重要组成部分。我们必须清醒地认识到，把中国文化介绍出去为他国认知，是十分困难的事，必须有长期打算，正如季羡林先生为《东学西渐丛书》写序时说：“想介绍中国文化让外国人能懂，实在是一个异常艰巨的任务，对于这一点我们必须头脑清醒。”

重庆双安文化传播公司和西南师范大学出版社出于文化使命感，思索中国文明如何走向世界。中国文明走向世界不仅要总结已有交流史、中国文化形象的得失，更应该从现代性、后现代性角度厘清文明家底，在这样的基础上谈论中国文明走向世界之事才有真实价值。为此策划了《走向世界的中国文明丛书》，涵盖中国对世界其他文明产生了深远影响的诸多内容，如戏曲、造纸术、丝绸、剪纸、中医、古琴、国画、饮食、印刷术、造船、武术、瓷器、灯谜、玉器、园林艺术等。

中国如何走向世界？中国文明如何走向世界？学人责无旁贷，任重道远，共襄其事，是为序。

邹登顺

（重庆师范大学历史与社会学院副教授、重庆市重点社科基地“三峡社会发展与文化研究院”文化遗产研究所所长）

前　言

众所周知，指南针、造纸术、火药、活字印刷术是中华民族历史上的四大发明，是勤劳智慧的中国人对世界文明的巨大贡献。但人们并不知道我国在另一个领域里还有一项对人类发展起着重要作用的发明，它就是与我们的饮食息息相关的豆腐，也有人称其为中国古代的“第五大发明”。

发明豆腐的人据说是西汉时的淮南王刘安。西汉提倡简朴，对贵族使用金银器皿有所限制，所以大家纷纷在“吃”上下功夫。由此推断系刘安发明豆腐，倒也有一定的社会文化背景。豆腐的发明者是贵族，而让豆腐冲出亚洲、走向世界的也是个名门之后，这个人名叫李石曾。

近年来，在世界范围内，动物保护主义和素食主义流行，提倡以植物蛋白代替动物蛋白，中国的豆腐，成了一个榜样，让西方人佩服得五体投地。国人到了西方，如果一时没有更好的工作机会，只要有做豆腐的手艺，就可以保证温饱。那种把一粒粒的黄豆变成白白嫩嫩的豆腐方块的“把戏”，在外国友人看来，跟变戏法差不多，只有中国人玩得来。现在，日本人也会做豆腐了，不过所谓的日本豆腐，不像豆腐，所以，要吃豆腐，还得靠中国人。

一块四四方方、再简单不过的豆腐，既可成为家中的小菜，也可成为大饭店的主菜，甚至还有专以豆腐为主打的，比如淮扬豆腐宴。豆腐的品种也是五花八门，除了传统的北豆腐、南豆腐外，近年来，还出现了许多有“技术含量”的豆腐，如内酯豆腐、木棉豆腐、绢豆腐，甚至还有鲜红色的草莓豆腐、碧绿色的菜汁豆腐，以及加有花生仁的营养豆腐等。

豆腐对中华文明的意义着实重大。对古时的人们而言，蛋白质摄入一直是个问题。试想，如果整个民族面带菜色，又怎么能文韬武略呢？就在全国人民苦苦寻觅时，豆腐闪亮登场了！作为优质蛋白质最廉价的来源，豆腐迅速成为中国乃至东方各农耕民族饭桌上的重要食材之一。不论是失势贵人、落魄士子，还是穷苦百姓，每每都要与青菜豆腐相伴，深以为苦。殊不知，如果没有豆腐，天天小米、青菜，这些人早就走不动路了！豆腐的发明，从根本上改善了中华民族的体质，而只有拥有了强健的体魄，才能夯实中华文明得以延续几千年的基础。

如今，中国豆腐已经在世界各地落户，而且受到许多人的喜爱，做法和吃法也延伸到方方面面，营养价值得到了进一步提升。人们对豆腐的营养价值有了突飞猛进的认识，大多数国家的人都认为豆腐是最丰富最直接的蛋白质来源，在简单的食用过程中，人体所需的蛋白质就可以得到补充，加之价廉物美，想不爱它都难了。

一种文明得到世人的普遍认同是很难的，而中国豆腐做到了，而且是遍地开花，赞不绝口。这就是豆腐的魅力，它具备了让世人青睐的特质和韵味，世界上没有一种食物能做到这样，流传几千年而不衰，范围之大更是无与伦比。由此来看，中国豆腐功莫大焉，乃旷世一绝。

作者能力有限，但在编写此书的过程中得到了同行朱金莲、朱金瑞、曾亚辉、汪兆菊、张淑梅、贵峰、董梅、朱金河、赵继梅、张丽荣等人的大力帮助，在这里表示感谢。

同时，由于本人水平不足，书中难免会有讲解不够全面、确切之处，希望能得到行家的理解与指正，在此一并谢过。

目　录

第一编　豆腐起源

关于豆腐的起源，国人争论不休，但是，豆腐是中国发明的，是中国这个蕴含了五千年历史文明的国度的文化遗产，这一点是毋庸置疑的。豆腐的起源主要有淮南论、唐末论、五代论三种。这三种观点都有据可查。但是，根据学者从大量的豆腐传说、豆腐故事、豆腐名称里找到的依据和典故，豆腐起源于安徽淮南市的八公山的观点最为可信，也被大多数人所接受。当然，这些观点还需要不断完善和甄别，有待后人不懈的探寻和研究。

一、豆腐起源概述

豆腐是我国古代饮食领域里的四大发明（豆浆、豆腐、豆酱和豆芽）之一。两千多年来，豆腐作为价廉物美、营养丰富的食品，被国人称之为“民族精华、养生瑰宝”，在国际上被誉为世界级的“营养珍品、植物肉类”。

然而，豆腐这种备受人们青睐的食品，其起源一直有着较大的争议。

1. 豆腐起源争论

关于豆腐起源的争论似乎从来就没有停止过，上至专家学者，下至平民百姓，借助书籍、媒体、网络等形式，你方唱罢我登场。但无论怎么争，有一点是一致的，那就是豆腐是中国人发明的，是中国人民智慧和创造力的结晶。而各种争论，亦使豆腐更具神秘感。

要说清楚豆腐的来源，应该先说清楚大豆的来源。

据考证，商代的甲骨文上已有大豆的记载，同时，山西侯马曾出土过商代的大豆化石，这说明在商代，大豆在人们的生活中已经占有一定的地位了。春秋时期，齐桓公曾将北方山戎出产的大豆引进中原地区栽培。《诗经》中有“中原有菽，庶民采之”的记载；《墨子》中载有“耕稼树艺，聚菽粟。是以菽粟多，而民足乎食”。这个时期的典籍中常见“菽”，而古书中“菽”与大豆等同，也说明当时菽种植的普遍。公元前 5 世纪至公元前 3 世纪，已有对大豆的分布、形状、种类等较细致的描述。

秦汉以后，“大豆”一词代替了“菽”字并被广泛应用。

“大豆”一词最先见于战国李悝所著《神农书》的《八谷生长篇》，其中载“大豆生于槐。出于沮石之山谷中，九十日华，六十日熟，凡一百五十日成”。另外，汉代《氾胜之书》载“大豆保岁易为”。故自汉代以后，我国大豆的种植面积不断扩大，产量也不断增加。大豆遗物以东北最早，黑龙江省宁安市大牡丹屯和牛场两处原始社会遗址和吉林省吉林市龙潭区乌拉街镇原始社会遗址出土的大豆遗物距今约3000年。

除本国文献记载和出土遗物外，国外也有相关资料。《苏联大百科全书》中写道：“栽培大豆起源于中国。中国在五千年以前就已开始栽培这种作物。”《美国大百科全书》中写道：“大豆是中国文明基础的五谷之一。”

有化石，有文献，这些在其他国家和地区都没有，世界上也没有相对有利的证据说明大豆起源于国外。相反，个别国外的文献印证了大豆起源于中国的说法。由此可见，大豆最早是在中国栽培的，且在国内外并无争议。

弄清大豆的起源后，关于豆腐起源的争论便展开了。豆腐起源争论主要有三种观点：一种是汉代淮南王论，一种是五代论，另一种就是唐末论了。

豆腐起源于淮南王刘安论

目前，赞同这种说法的人占大多数。

宋元以来，国人多认为豆腐于公元前2世纪由西汉淮南王刘安发明，以下是佐证此观点的著述，有十几种之多，可谓翔实。

南宋朱熹在其豆腐诗中写道：“种豆豆苗稀，力竭心已腐；早知淮南术，安坐获泉布。”并自注“世传豆腐本乃淮南王术”。与朱熹同时代的杨万里，写过一篇名为《豆卢子柔传》的文章，副标题为“豆腐”，其中也提到汉代已有豆腐。《辞源》载曰：“以豆为之。造法，水浸磨浆，去渣滓，煎成淀以盐卤汁，就釜收之。又有入缸内以石膏末收者。相传为汉淮南王刘安所造。”

元代吴瑞所作《日用本草》一书也提到豆腐之法始于汉淮南王刘安。此书记录食物540多种，分米、谷、菜、果、禽、虫等8类，是元代专论食疗的代表作。

明代，关于豆腐的记载逐渐增多，有关“豆腐为淮南王刘安所发明”的文字就更多了。叶子奇在《草木子·杂制篇》写道：“豆腐始于汉淮南王刘安之术也。”苏平所作《咏豆腐》一诗曰：“传得淮南术最佳，皮肤退尽见精

刘安塑像

华。”明代大药理学家李时珍在《本草纲目》卷二十五《谷之四》中注“豆腐之法，始于汉淮南王刘安”，并介绍了豆腐的制作原料。原文如下：“豆腐之法……凡黑豆、黄豆及白豆、泥豆、豌豆、绿豆之类，皆可为之。”书中也对豆腐的制作方法进行了详尽的描述：“水浸、硙碎、滤去渣、煎成，以盐卤汁或山矾叶或酸浆、醋淀，就釜收之；又有入缸内以石膏末收者。大抵得咸、苦、酸、辛之物，皆可收敛尔。其面上凝结者，揭取凉干，名豆腐皮，食甚佳也。”陈继儒在《群粹录》一书中也说：“豆腐，淮南王刘安所作。”罗欣在《物原》一书中记载：“刘安始作豆腐。”明太祖第十七子朱权所撰《天皇至道太清玉册》中写道：“淮南王得飞腾变化之道，炼五金成宝，化八石为水，得草木制化之理，乃作豆腐。其时长安豆一斗值千钱，今世之斋素者皆用之，其诗曰‘举家学得淮南卫’。后世人吃豆腐，自淮南王始之。”周晖《金陵琐事》卷三《豆腐》谓：“豆腐，扬业师名之曰淮南子，取其始于淮南王也。”

黄豆

清始，关于豆腐的记载已为常见。汪汲在《事物原会》一书中说西汉古籍有“刘安作豆腐”的记载。江苏巡抚梁章钜在《归田琐记》一书中说，“豆腐……相传为淮南王刘安所造”，“今四海九州，至边外绝域，无不有此”。钱塘人高士奇的《天禄识余》上亦有豆腐为淮南王刘安所造之观点。清代地理学家、藏书家李兆洛在任凤台县令期间，亲自纂修《凤台县志》，并在其中的《食物志·物产篇》中写道：“屑豆为腐，推珍珠泉所造为佳品。俗谓豆腐创于淮南王，此盖其始作之所。”

关于豆腐发源于淮南王刘安，地方各志、国外亦有记载。

《皖志综述》："八公山豆腐，是淮南市著名地方风味。"虽没有说明豆腐由刘安发明，但起码指明了豆腐的发源地与淮南王刘安有共通之处。

英国《不列颠百科全书》提道："豆腐的制作技术始于中国的汉朝。"同样没有提到刘安，但在时间上有一致性。

众多文史资料中均有刘安发明豆腐的记载，那么，淮南王刘安到底是何许人也？

刘安（公元前179—公元前122年），西汉皇族，淮南王。汉高祖刘邦之孙，淮南厉王刘长之子。著有《鸿烈》（又称《淮南鸿烈》《淮南子》）。

汉王朝的创立者——刘邦共生有8个儿子，刘安的父亲刘长是第七子。公元前174年，刘长暗地里派人与太子启等勾结，并打算联合闽越人和匈奴人叛乱。不久，事情败露，刘长在发配途中绝食而死，年仅25岁，死后被谥为淮南厉王。刘长死后，淮南国被取消，收归中央管理。两年后，汉文帝又想起刘长这个自杀了的弟弟，越想心里越不是滋味，便下诏将刘长的4个年仅七八岁的儿子都封了侯；到公元前164年，汉文帝再次下诏，将原来的淮南国一分为三（淮南、衡山和庐江），分别封给刘长的3个儿子，其中长子刘安承袭了父亲的爵位，袭封淮南王。

刘安不同于自己骄横无比的父亲，他喜欢结交宾客，在做淮南王时，他招募的宾客和术士最多时竟达到了几千人。这些宾客在淮南王府不仅从事讲学、炼丹，而且还经常与他进行为政、治学以及做人的讨论。刘安也不同于一般的皇室子弟，他从小就不太喜欢骑马、打猎，而是爱好读书、学艺、弹琴，尤其热衷于道家黄老之学。由于天资聪明，加上勤奋好学，到汉武帝时，刘安已"流誉天下"，成了国内颇有名气的学者，在各诸侯王中也享有很高的声誉。汉武帝对他这位才华出众的皇叔很是欣赏，曾专门召他来长安撰写《离骚传》。据说，汉武帝清晨下达了诏令，刘安中午就把《离骚传》写好了，汉武帝看过后连声称赞。

然而，尽管汉武帝非常欣赏刘安的才情，但他强力推行的"罢黜百家、独尊儒术"的统治思想却和刘安推崇的"无为而治"的道家学说南辕北辙，而父亲刘长之死更成了刘安心中的一个"死结"。事实上，刘安一生都是在对朝廷的不满和怨恨中度过的。因此，刘安在广置门客进行"学术研讨"的同时，也在不断地积蓄力量，为有朝一日的谋反做着准备。

不过，和自己的父亲一样，刘安的谋反计划还没有来得及实施，便由于门客的告密而画上了句号，刘安也因此自杀了。

刘安招募的门客有三千多人，他们云集古城寿春，议论天下兴亡，寻求治世良方，探讨学术方技，搜集古史轶闻。一大批文学、哲学、自然科学著作应运而生，使淮南国成了当时国内重要的文化学术中心，对我国的文化学术事业产生了深远的影响。在众多的人才中，苏非、李尚、左吴、田由、晋昌、雷被、毛被、伍被名气最大，号称“八公”。八公经常陪刘安在寿春城北山上炼长生不老之灵丹妙药，北山因此改名为“八公山”。传说刘安等在炼丹时，偶然将石膏点入丹母液（即豆浆）之中，经化学反应变成豆腐。豆腐从此问世。

刘安发明豆腐之后，并不满足于现状。他是位饱学之士，对每项事业总是精益求精。他经常同李尚一道研究豆腐制作方法和技术，成立豆腐生产作坊，培养豆腐生产专业人员，在生产操作的过程中，逐步完善生产设备，改进生产技术，提高豆腐质量；同时，把豆腐制作技术传授给当地农民，并逐渐向其他地区扩散。

当地农民学会了制作豆腐之术后，代代相传，不断改进制作工艺，严格操作，精益求精，这使淮南八公山豆腐比外地豆腐更具有自己鲜明的特色。

豆腐起源于汉代之说还有一些较有说服力的事物可以佐证，这些事物都与豆腐有着密切的联系，从考古学的角度来看也是很有价值的。

制作豆腐首先得有大豆，《淮南子》中已有豆类种植、成熟、收成、食用情况的资料，可见淮南国在当时已经普遍种植大豆。从我国气候带的划分来看，淮南地区处于淮河以南，为亚热带季风气候，适宜豆类的生长。2000年前后，安徽省淮南市农业环保站在本市范围内进行野生植物普查，先后在八公山区、大通区、凤台县等地发现有大面积的野生大豆群落，进一步证明了淮南地区大豆种植历史之悠久，从而为“淮南王刘安发明豆腐”之说提供了侧面的史料依据。

而制作豆腐，首先要把大豆制成豆浆，我们的祖先可谓聪慧，在长期的生产实践中发明了石磨，据考古文物和资料记载，我国早在战国时期就发明了石磨，其形制与现在基本一样。

石磨

据先秦时期由史官所修撰的，记载上古帝王、诸侯和卿大夫家族世系传承的史籍《世本》记载，石磨是鲁班发明的，鲁班发明磨的真实情况已经无从查考，但是从考古发掘的情况来看，龙山文化遗址（距今四千年左右）中已经有了杵臼，因此鲁班发明磨是有可能的。1968 年，河北满城发掘的西汉中山靖王刘胜的墓地里，发现有石磨、青铜漏斗。磨为黑云母花岗岩制成，高 18 厘米，径 54 厘米，石磨下面设有磨盘水槽，但有一上口直径 94.5 厘米、沿高 34 厘米的盆状漏斗。漏斗放在石磨下面，可以承接所磨浆液。这是目前发现的最早的磨，完全可以磨制豆浆。据史书记载，刘胜故于汉元鼎四年（公元前 113 年），比刘安晚九年，二人为同时期人。

1965 年，安徽寿县茶庵乡挖掘的东汉墓中出土了灰陶水磨，与现在豆腐作坊所用的水磨形制基本相同。既然已制成陶器陪葬，可见石磨在淮南地区已普遍使用，且年代更早。而淮南的八公山石石质坚硬，也为打制石磨提供了优良的原材料。此外，陕西西安出土有秦代的石磨。河南的洛阳、禹州、唐河，江苏的江都、扬州，山东的临沂，辽宁的辽阳等地均出土有西汉石磨、陶磨。

石磨有旱磨和水磨之分，而刘安炼丹的八公山就在淮河流域，用水磨磨浆是很有可能的。

由此，人们普遍认为刘安时期，从原料上看，已经完全具备了制作豆腐的条件，豆腐起源于西汉刘安是有一定的合理性的。

明代李时珍在《本草纲目》中说："豆腐……造法：水浸、硙碎、滤去渣、煎成，以盐卤汁或山矾叶或酸浆、醋淀、就釜收之；又有入缸内以石膏末收者。大抵得咸、苦、酸、辛之物，皆可收敛尔。"由此可见，制作豆腐的传统凝固剂——盐与石膏在西汉以前已经出现。《淮南子》中就有关于盐以及五味的记载。

豆腐起源于唐末或五代论

“豆腐起源于五代”论的代表人物主要有袁翰青、筱田统、曹元宇、兰殿君等，他们也列举了一些著述来佐证自己的观点。

20 世纪 50 年代，我国著名化学专家袁翰青发表了《关于〈生物化学的发展〉一文的一点意见》，对“刘安发明豆腐”的说法提出异议。他认为从现存古代文献看，最早明确写到豆腐制作的，是宋代寇宗奭的《本草衍义》，“生大豆……又可硙为腐，食之”。由此，他推断豆腐的制作大概在五代时期。另外，目前发现的最早记载豆腐的文献，是五代陶谷撰写的《清异录》，其中《官志》“小宰羊”条曰：“时戢为青阳（今安徽青阳县）丞，洁己勤民，肉味不给，日市豆腐数个，邑人呼豆腐为小宰羊。”陶谷是五代时邠州新平（今陕西彬县）人氏，他在五代的后晋、后汉、后周以及北宋初期都做过官，北宋开宝年间卒。据他所记载的这件事可以说明，至少在五代时，豆腐已经是大众日常食品了，其制作技术也相当成熟。而日本学者筱田统考证陶谷《清异录》“小宰羊”，将豆腐的历史又向前推移了大约一百年，即唐末。

这两种观点认为，以往传说淮南王刘安发明豆腐，但刘安的《淮南子》中没有“豆腐”二字或者它的别名。虽然其中《诠言训》篇里有两处提到了“豆”字，但是指代古人盛黍、稷的器皿，与豆腐毫不相干。

以上观点还提出，从西汉至东汉、三国、两晋、南北朝、隋、唐末约千年里，在如汉代扬雄的《方言》、汉代氾胜之的《氾胜之书》、北魏贾思勰的《齐民要术》、唐代韦巨源的《食谱》等各种农家、医家和杂家的著述中，以及丰富的唐代诗文中，都没有找到有关豆腐的明确记载：

清代汪汲在《事物原会》中引五代谢绰《宋拾遗录》说，豆腐“至汉淮南王始传其术于世”。但现存《宋拾遗录》中并没有这个记载。元代吴瑞的《日用本草》、李时珍的《本草纲目》关于“豆腐之法，始于汉淮南王刘安”的说法是根据南宋朱熹的诗而来，但朱熹在自注中说的是“世传”即“世人传说”，并不是肯定豆腐为刘安所发明。同时，清代梁章钜在《归田琐记》一书中说：“豆腐……相传为淮南王刘安所造。”此外，南宋黄震《黄氏日钞》、明代李实《蜀语》、明代王三聘《古今事物考》、清代褚人获《坚瓠集》、清代魏崧《壹是纪始》俱有此说。由此可见，“豆腐为刘安所发明”多为世人传说。

自宋代以后，有关豆腐的记载越来越多，可知豆腐在宋代逐渐普及。但豆腐仍是下层社会的食品，一直到了明代才逐渐通行于上层社会，并有各种精致的烹饪方式出现。

二、有关豆腐起源的传说

1. 乐毅发明豆腐的传说

乐毅，生卒年不详，子姓，乐氏，名毅，字永霸，战国后期燕国杰出的军事家。传说乐毅也是出名的孝子，他非常孝顺自己的父母，在邻里街坊的眼中是个乖巧聪明的孩子。

乐毅的父母都很喜欢吃黄豆，可是上了年纪，牙掉的掉、伤的伤，吃黄豆很不方便。乐毅就把黄豆浸泡后，磨成豆浆煮熟，准备给父母喝。这时他的父亲闻着香味走进厨房，从锅里舀了一勺，尝了一口，连连摇头，问乐毅："这豆浆怎么什么味道也没有啊？"乐毅一拍脑门，原来手忙脚乱，都忘了放盐。可是盐罐里的盐已经用完了，只剩下一些盐卤水，出去买盐已经来不及了，乐毅只好将盐卤水全倒进了豆浆锅里。过了阵子，乐毅兴冲冲地拿起汤勺，准备盛给父母，可是一看豆浆，不由得愣住了。原来，锅里的豆浆全都凝成了白嫩嫩的乳块。乐毅很是奇怪，于是小心翼翼地把这些白乳块舀起来尝了尝，感觉滑嫩可口，豆香四溢，别有一番滋味。他请来父母和邻居，将白色乳块盛到盘子里让大家品尝，大家尝过之后连连称赞，都说非常好吃。第二天，乐毅跑到私塾先生那里，请私塾先生给这种白色的乳块取个名字，私塾先

乐毅

生见乳块白嫩如玉，尝一口，滑嫩可口，思索片刻说：“就叫作豆府之玉吧。”乐毅对私塾先生起的名字十分满意。

从此以后，乐毅几乎天天做“豆府之玉”给父母吃，还经常多做一些送给邻居，大家对乐毅都大加赞赏。

有一天，乐毅的母亲病了，乐毅请来镇里有名的大夫给母亲治病，大夫给乐毅的母亲仔细把脉并询问之后，断定是经常吃黄豆上火的缘故。大夫开的头道药就是凉性药——石膏，乐毅的母亲吃过药后，很快就康复了。乐毅灵机一动，以后再做“豆府之玉”的时候，都会放些石膏进去，这样不仅不会上火，而且可令“豆腐之玉”更加鲜嫩。

后来，乐毅开了作坊，专门卖“豆府之玉”，生意很兴隆，有人称它为“豆府之肉”。而后，有人记成“豆府肉”，又有人把“府”与“肉”写在一起，成了“腐”，于是“豆腐”一名便流传开来。

2. 杜康妹妹发明豆腐的传说

据传说，中国古代的“酿酒始祖”杜康有个妹妹。她见哥哥一直在外造酒，顾不上回家照顾母亲，便暗下决心在家留守，迟迟不嫁，立志替哥哥孝敬母亲。她母亲喜欢吃黄豆，年纪大了，嚼不动了。她就想了一个办法，把黄豆泡胀了，用石磨磨成豆浆再煮熟了供母亲饮用。

一天，由于盛豆浆的碗是个盐碗，盛上豆浆后，不到一会儿，豆浆便凝成了块。她感到很奇怪，又不是大冷天，豆浆怎么会凝成块呢？她想来想去，想出了原因，是豆浆碰上了盐才结成块的。

第二天，她又一试，豆浆果然又凝成了块。之后，她便做起豆腐来，做好后给母亲吃。母亲吃了营养丰富的豆腐，身体十分健康。

3. 孙膑、庞涓发明豆腐的传说

孙膑和庞涓都是战国时期著名的军事家。孙膑在齐国当军师，庞涓在魏国当将军，他们都是智勇双全的人。不过庞涓这个人自幼心胸狭窄，还爱嫉妒人。

早些时候，孙膑和庞涓一块到山里求师学艺，拜鬼谷子为师。孙膑为人宽厚勤劳，敬重师父；庞涓骄傲，好吃懒做。时间长了，师父自然更喜欢孙膑了。庞涓非常嫉妒孙膑，变着法找碴儿陷害孙膑。

孙膑

一天，师父生病了，躺在山洞里呻吟，吃不下饭。孙膑见师父病成这样，又难过又着急，他想：我给师父做碗豆浆喝吧。于是，他把青豆和黄豆磨成了浆，熬好后放在洞口，想凉一凉再端给师父。谁知，洞口崖上晾着的盐，经露水浸过后，一滴滴地落到了豆浆锅里，满锅的豆浆竟凝成了块儿。孙膑把这凝成块的豆浆端进洞里，给师父盛了一碗品尝。师父吃了一口，顿觉食欲大开，一连吃了好几碗。他擦擦嘴，问孙膑："你做的是什么东西啊？"孙膑随口答道："是'豆府肉'。"

孙膑见师父这么爱吃"豆府肉"，打那以后，天天做给师父吃。师父的病好了以后，就把自己的本领全教给了孙膑。

庞涓对此很生气。他想：我一定要让你们领教领教我的厉害。他半夜起来，偷偷把晾在洞口崖上的盐拨到一边。洒上些石膏面，泼上水，干完这一切，他就下山了。

第二天，孙膑煮完豆浆后，照旧端着锅到崖口接"盐露水"，他哪里知道，"盐露水"已成了"石膏水"。不过奇怪的是，那豆浆也凝成了块。师父一吃，味道也不错，只是吃在嘴里稍微有点发苦。师父明白这是怎么回事，因此更喜爱孙膑了。

后来，这事传到了民间，就有了做豆腐的行业。而"豆腐"就是"豆府肉"的简称。

4. 酸汤点豆腐

很早以前，人们不会做豆腐，也没有石膏和盐卤，只会把黄豆煮来吃或炒着吃，有些地方的人能把黄豆磨成豆浆烧开来喝。

那时，在某地某座山的东坡脚下有一户人家，媳妇叫巧兰，生得聪明能干，遇事喜欢动脑筋。她补过的衣物看上去仍旧很新；她做的饭菜味香色美。左邻右舍，没有人不夸这个媳妇的。

巧兰的婆婆是个非常苛刻的人，人们背地里都叫她“老恶婆”。“老恶婆”不知是嫉妒媳妇的能干，还是为了摆摆当婆婆的威风，对媳妇时时刁难。拿一尺布交给巧兰，却要她做出三双一尺二长的鞋来；拿一升麦子，却要她磨出三升面，还说头头脚脚不算在内！这些还不算，更可恶的是连吃穿，她都要限制着媳妇。

巧兰看到邻家的李二嫂经常喝豆浆，很羡慕，也想喝碗豆浆，可是，那时当媳妇的规矩是，没有公婆的许可，不能擅自做东西来吃，否则，会被骂作嘴馋，因此只能背着公婆做。做其他简单的能背着，要磨豆浆得搬家弄什的，能背得了吗？

说来也巧，有一天，“老恶婆”要到西坡二姨妈家去做客，听说要三天才回来。巧兰心想：等婆婆走后，家里没人了，我就磨点豆浆来吃吧。

当天，巧兰小心地把婆婆服侍走后，就在后面厨房里磨豆煮豆浆。她把火烧得旺旺的，不一会儿，豆浆在锅里“咕噜咕噜”地煮开了，香味飘满屋。巧兰拿着碗和瓢正要舀，突然“哗啦”一声，外面屋里有响动。巧兰紧张起来：婆婆怎么就回来了？让她看到可不得了！怎么办？这半锅豆浆能往哪儿藏？巧兰慌忙中东寻西找，看到灶坎上有个坛子，心想先藏在里面再说，端着锅就把豆浆倒进了坛子里。盖好坛口出来一看，原来是丈夫收工回来了，这才松了一口气，于是就拉着丈夫往厨房走：“快喝豆浆去！”来到

酸汤豆腐

厨房，她揭开坛子盖，不禁大吃一惊，原先乳白色的豆浆变成了一坨雪白的东西。巧兰大着胆子尝了一口，又嫩又滑，丈夫吃了也不住地称赞："真好吃。你是怎么做的？"巧兰也讲不出个所以然来。她细细地回想，自己到底在豆浆里加了什么？她想呀想呀，终于想到，那坛子原是泡酸菜的，酸菜虽然吃完了，里面还剩一些做种的酸汤，莫非是酸汤在起作用？他们马上又磨了一些豆浆。煮开后，到隔壁李二嫂家找了点酸汤，慢慢地倒入豆浆里。不一会儿，一坨雪白的东西出现了。小两口笑了起来："真是酸汤在起作用！"于是，二人就把这又白又嫩的东西取名为"豆腐"。后来，小两口把这"酸汤点豆腐"的方法教给了大家。从那时起，人们就学会了做酸汤豆腐。

5. 大豆腐的来历

很早以前，北大荒是没有豆腐的。当时，农民把收回来的黄豆和别的粮食一齐加工，磨成面蒸窝窝头吃。人们都觉得这种窝窝头不好吃，也不好消化，但又没有比这更好的方法。

小河边住着两兄弟，哥哥叫大雨，弟弟叫大志。自从爹娘去世后，兄弟二人相依为命。哥哥每天早出晚归在田里耕作，细心地照顾着弟弟。弟弟大志生来遇事好琢磨，总想为百姓做点好事，因此想变变黄豆的吃法，于是整天和哥哥大雨叨咕："这种豆面窝窝头我一点也不想吃了。"

说来也真是天遂人意，有一年，庄稼收成特别好，路过地头的人都夸兄弟俩会侍弄庄稼，乐得兄弟俩合不拢嘴。一天，弟弟大志把自己琢磨了很久的想法告诉了哥哥："哥哥，我想把黄豆先用水煮熟了，再加工成食品，准比光吃窝窝头强……""不行！不行！乡亲们蒸着吃多少年了，就你能，想得太天真了，还是算了，免得把黄豆也浪费了。"不等弟弟说完，哥哥抢白了一番。大志没有得到哥哥的支持，心里很不是滋味，可又不好对哥哥说什么，只是暗暗咬了咬牙，在心里对自己说：我一定要试试，非弄出个子午寅卯不可。从这以后，大志除和哥哥到地里耕种外，常背着哥哥研究自己的想法，实验了许多次，结果都没有成功。

一天傍晚，大志刚把豆浆煮开，大雨从集市上卖柴回来了。大雨推开门，一股热气扑面而来，他揉揉眼睛仔细一看，锅里的豆浆都溢出来了，散发出浓浓的豆香味。大雨忙来到灶台前，把锅盖揭开，却不小心把放在灶台上盛洗衣服用的灰水洒到锅里了。大雨急坏了，觉得自己对不起弟弟。正巧弟弟从里屋出来，见哥哥涨红着脸在锅前发呆，忙问："哥，咋了？"大雨指了指锅里，大志一见，立刻奔到锅前，却发现豆浆变成一块块的脑花状的东西。他很惊讶，急忙用勺挖了一块尝尝，觉得爽滑细嫩，美味可口。大志"噢"了一声，一拍自己的脑门跳了起来："成功了！成功了！"再问哥哥是怎么回事，才知道原来是灰水起了作用。大志一下子抱起哥哥就转起了圈："哥，太感谢你了，你的失手帮了我的大忙。"

大豆腐

但大志不明白为什么豆浆浇上灰水会凝成块状，后来兄弟俩经过一次次试验和琢磨，终于明白了：原来灰水是用柴灰化开的水，灰水里的碱性物质和豆浆起了反应，使得豆浆从液体变成了固体。后来，他们觉得这种块状物太嫩且水分太多，不好做成其他菜，就试着用粗布把块状物包起来用重物压实，把多余的水都挤出去，就这样，北大荒最早的大豆腐生产出来了。

6. 盐卤点豆腐的来历

有个叫岔路的地方，这里的豆腐白嫩、细腻，有韧性。到过岔路，吃过岔路豆腐的人都说岔路的豆腐特别鲜、特别香，比任何地方的豆腐都要好吃得多。这是为什么呢？

原来，岔路豆腐除了使用本地特产的早豆（小黄豆）、白溪流域甘洌的地下井水作为原料之外，还采用了与其他地方不一样的凝固方法。

其他地方都采用石膏作为凝固剂来加工豆腐，而岔路一带则是用盐卤作为凝固剂，也就是我们通常所说的"盐卤点豆腐"。为什么岔路一带会采用

“盐卤点豆腐”这一独特的加工工艺呢？民间流传着这样一个故事。

传说观世音菩萨和布袋和尚在未出道前，曾结伴去天台山修行。一日，他们来到岔路时，见一户人家的媳妇正在用石磨把泡胀了的旱豆磨成浆。婆婆在灶头上用一只布袋把磨出来的浆滤成汁和渣。以前，他们只见过有人把旱豆泡胀煮着吃，或者是直接炒着吃，从没见过像这样磨浆的。于是，他们就猜起了这旱豆磨浆是喝汁，还是吃渣。

观世音菩萨说：“喝汁。”

布袋和尚说：“吃渣。”

后来，他俩为到底是喝汁还是吃渣这一问题争了起来。

布袋和尚对观世音菩萨说：“这样，我们打个赌。你猜对了，我就吃完她们磨出来的豆渣；我猜对了，你就喝完她们沥出来的豆汁。”

“好的，赌就赌。”观世音菩萨爽快地答应了。

于是他俩就去问正在磨浆和沥汁的婆媳俩：“你们磨豆浆是为了喝豆汁，还是吃豆渣？”

“都是。”婆媳俩告诉她们，“沥出的豆汁烧滚就可以喝，可就馒头、麦饼；剩下的豆渣切点剥芥菜加进去炒炒，当下饭菜。”

这个赌可以说两个人都打赢了，因为婆媳俩告诉他们，豆汁可以喝，豆渣也可以吃；也可以说两个人都输了，因为他俩都只说对了一半。于是，他俩按照原先的约定，一个要喝掉全部的豆汁，一个要吃完全部的豆渣，还要比谁先吃（喝）完。

婆媳俩一个燃豆萁煮豆汁，一个烧豆秆炒豆渣。很快，一锅豆汁烧滚，另一锅豆渣也炒好了。

布袋和尚盛了一碗剥芥菜炒豆渣一尝，觉得味道很鲜，于是哈哈大笑，大口大口地吃了起来。观世音菩萨也舀了一碗烧滚的豆浆喝，觉得淡然无味，想想要喝完这一大锅豆汁，实在有点难，不禁皱起眉头，犯起愁。

布袋和尚见观世音菩萨正看着这锅里的豆汁发愁，知道她必输无疑，于是更加开心了，一边哈哈大笑，一边一碗接一碗地吃着豆渣。结果，真的把一锅炒豆渣吃完了。只见他吃得肚皮圆鼓鼓的，连身上的衣服都撑开了。相传这也造就了他袒胸露乳，挺着个大肚子哈哈大笑的经典形象。

观世音菩萨见布袋和尚赢了她，竟看着满锅的豆汁焦急地落下了眼泪。

盐卤豆腐

没想到奇迹发生了，这眼泪一滴到豆汁里，豆汁就凝成了一块，再滴下一滴眼泪，又凝成一块。观世音菩萨滴滴答答的眼泪使一锅豆汁都凝固了。

布袋和尚见观世音菩萨急哭了，忙劝道："你吃不了就别勉强了，带回去慢慢吃吧。"

婆媳俩见豆汁凝固了，于是找来一只笊篱，在里面垫上一块布，把豆汁冻一勺一勺舀到了布上，让观世音菩萨带走。观世音菩萨哪里肯带，她把笊篱留下就走了。过了一会儿，婆媳俩发现笊篱内的豆汁冻在沥干水后，味道鲜美，香气扑鼻。

后来，婆媳俩想再用豆汁做豆汁冻。但是，上次豆汁结冻主要是观世音菩萨的眼泪起了作用，可以后哪来眼泪呀。聪明的媳妇想到眼泪是咸的，就从盐罐里倒出了一点盐卤滴进豆汁中，结果豆汁立马凝固了。婆媳俩终于用盐卤打浆做成了豆腐。后来，婆媳俩又把做豆腐的方法告诉邻居、亲戚、朋友，于是盐卤豆腐很快在岔路一带流行开来。

婆媳俩为了纪念观世音菩萨和布袋和尚打赌打出了豆腐，就把他俩的像供在家里，每次做成豆腐时，要先切下一块放到神像前，并点上三炷香，这一习俗一直流传很久。

三、豆腐名称简析

豆腐自发明之初，在不断发展的历史过程中，收获了喜爱它的人给它冠以的不计其数的名称，不仅丰富了豆腐的内涵，也具有极大的语言魅力。现将这些美丽的名称奉献给大家，和大家一同品味这项伟大发明带给我们的愉悦。

1. 名称探源

从字义上看，“腐”的核心含义有这样三点：膨胀、肿大、扩展。

如果我们将“腐”读为“fǔ”，很难想到它的含义是膨胀凝结物，但如果我们将“腐”读若古音“pǔ”，就很容易知道它的本义是膨胀，因为“膨胀”，多地方言称为“潽”“喷”。豆腐，豆浆煮开后点卤，膨胀（潽）之凝结物也。

与豆腐类似的膨胀凝结物有乳、脂、酪、酥、糨（浆）、糊、膏。“腐”的本字应当是其中的一个或两个。那么，它究竟是哪一个呢?

北宋苏轼《蜜酒歌・又一首答二犹子与王郎见和》:“煮豆作乳脂为酥。”明末清初方以智《物性志》:“以豆为乳，脂为酥。”它们都证明了豆腐制作过程的三个阶段：乳→脂→酥。

其一，“乳”的本义是哺乳，引申为奶水。豆乳，严格意义上讲，指的是黄豆经研磨而成的腐浆（含豆渣）。

其二，“脂”的本义是动植物所含的油脂。豆脂，指的是经过过滤的豆浆（不含豆渣）。

其三，“酥”的本义是奶酪，由牛羊乳制成，又称“酥油”。酪，《说文解字》：“乳浆也，本义乳酪，酢截也，醴酪也。”豆酥，指的是豆浆煮沸点卤后的凝结物，即豆腐。远古的豆腐，估计就是今天的豆腐脑，或可称为“豆腐酪”。

也就是说，“腐”的本字应当是“酪”“浆”，引申为“酥”“乳”也可以。

2. 名称简介

没骨肉：豆腐营养价值可与肉类相比，是“没有骨头的肉”。

刀呱：这是豆腐在闽南的叫法，读“ta hu”。

大素菜：浙江嘉兴一带蚕农对豆腐的称法。因为豆腐的“腐”字犯忌，所以改叫“大素菜”。

小宰羊：这是对豆腐的誉称，因为是打比方，又可以说是喻称。《清异录》中有提及，前文已述。

王粮：这是旧时皮影戏行业中艺人之间说的隐语行话。

水欢：这是浙江龙泉、庆元、景宁等地菇民（种植食用菌的农民）中流传的豆腐的隐语。

水判：这是四川成都一带称豆腐的江湖语言。清末傅崇榘编著的《成都通览》所记之江湖语言，豆腐就有“水板、水判、水林”等几种叫法。

水林：这是旧时四川成都和福建永安等地豆腐行业中的隐语行话。

水板：旧时酒楼菜馆有“鸣堂叫菜”这一习俗，“水板”一词是堂倌们喊话时对豆腐的别称。《四川烹饪》杂志中赵长松的《鸣堂叫菜的词语》一文收有这个词并注为“豆腐”。这是根据豆腐的外形进行称呼的。清末傅崇榘的《成都通览》还将它列为江湖语言。

甘脂：豆腐的别称。清代汪曰桢《湖雅》：“今四川两湖等处设豆腐肆，谓之甘脂店。”

代付：这是湖南永兴豆腐的方言记音词。清代光绪本《永兴县志・方言志》：“豆腐曰代付。”

白字田：这是上海一带豆腐业的行业隐语（在南方的客家方言中也有

这一说法)。《白话沪渎之三：上海闲话》说："上海是一极繁华的商业都市，流行的商业行话与切口亦颇有意思。如旧时银楼业称簪子为'摸云'，钗子为'压黛'，耳环为'连理'，别针为'不离'。豆腐业称豆腐为'白字田'，豆腐干为'香方'……"

白虎：豆腐的别称。清代李光庭所著《乡言解颐·物部》："俗以豆腐为白虎，白菜为青龙。"清代赵翼《瓯北集》："儒餐自有穷奢处，白虎青龙一口吞(俗以豆腐青菜为青龙白虎)。"

白货：这是安徽六安一带对豆腐、豆腐干等豆制品的统一称谓。

白麻肉：这是上海宝山一带豆腐的方言叫法。

灰毛：这是豆腐的四川方言叫法。"灰"在这里有"白"义，与俗话中有"白"义的"搽灰抹粉"的"灰"同义。有的地方叫小麦面粉为"灰面"，也是说"灰"为"白"。"灰毛"意即白色的毛豆腐。

灰妹：旧时酒馆饭店有"鸣堂叫菜"这一习俗。"灰妹"一词是堂倌们喊话中对豆腐的别称。《四川烹饪》杂志赵长松的《鸣堂叫菜的词语》一文作为行业隐语收有这个词，并注为"豆腐"。这个词里的"妹"字，是豆腐的四川方言词"灰毛"的"毛"字的一声之转，同时也有昵称的意味。

灰骂儿：或记音为"灰麦儿"，是湖南石门一带豆腐的方言叫法。它与四川豆腐方言"灰毛"和"灰妹"音近。"骂""麦"是"毛"或"妹"的一声之转。

灰馍儿：这是我国西南一带有些地方豆腐的土语。另外，在四川富顺一带还指"豆花儿"(即豆腐脑)。

灰蘑儿：这是四川邛崃一带豆腐的方言叫法。"灰蘑儿"的"蘑"字与有的地方豆腐的别称如"灰毛"的"毛"字、"灰妹"的"妹"字、"灰骂儿"的"骂"字、"灰麦儿"的"麦"字、"灰麻"的"麻"字、"灰馍儿"的"馍"字等，相互之间都是一声之转。

豆干：即豆腐干。另外，广东潮汕地区的方言中，豆腐也叫"豆干"。

豆生：这是江西话和福建泰宁话中豆腐的方言叫法。另外，"豆生"还指云南有的地方用青毛豆做的"懒豆腐"。而福建泉州话里的"豆生"，则指豆芽。

豆乳：豆腐的别称。明代方以智《通雅》说："豆乳、脂酥，即豆腐也。"

另外，江西南昌、福建厦门等地豆腐乳的方言也叫“豆乳”。

豆法：即豆腐，这是河南温县方言。

豆脯：是豆腐的异形词。明代李实《蜀语》：“菜、肉、豆脯、米粉作羹，多加姜屑。”现代著名画家潘天寿《武夷山游记》：“清磐闲红鱼，时蔬煮豆脯。”

来其：豆腐的别称。元代虞集的《豆腐三德赞》中说：“乡语谓豆腐为来其”。“来其”即“黎祁”（宋代陆游《剑南诗稿·邻曲》有“拭盘堆连展，洗釜煮黎祁”，并自注：“蜀人以名豆腐。”）的异形词。清代夏曾传《〈随园食单〉补证》说：“‘黎祁’与‘来其’二者之转。”清代邵晋涵的《尔雅正义》说：“古读来黎同音。”古地名“州来”即“州黎丘”。汉代轪侯的名字“利苍”，古籍中有时也作“来仓”。“黎”古属“脂”部，“来”古属“之”部，一般说来，它们属于音近相通，在古方言里也可能同音。

佗合：是苗语中豆腐的叫法，也是湖南苗族传说中我国做豆腐始祖的名字。

软玉：豆腐的喻称。清代张玉书等所著《佩文韵府》引宋代苏轼《豆腐诗》：“箸上凝脂滑，铛中软玉香。”

国菜：有许多人都称豆腐为“国菜”。这是对豆腐的极高赞誉。

乳脂：豆腐的别称。清代农书《授时通考》：“淮南王以豆为乳脂。今豆膏、豆粉、豆腐较他处尤佳，得淮南遗法。”

鬼食：豆腐的别称。清代汪汲《事物原会》说：“豆腐出浆后摒其渣，累数不少，腐乃豆之魂，故称鬼食。孔子不食。”

素醍醐：豆腐的喻称。此说见元代隐士谢应芳《龟巢稿》中的《素醍醐》一诗。诗文：“……腐兮腐兮能养老，济世之功不为小。淮南此术惜未传，食货志中斯阙然。前时雍公赞三德，吾亦题诗三太息。易名今号素醍醐，诸庖易牙佥曰都。”

盐酪：豆腐的别称。汪朗《胡嚼文人》中的《极品豆腐》一文说：“宋代的豆腐有许多别号，如乳脂、犁祁、黎祁、盐酪等。”宋代赵与时《宾退录》：“《靖州图经》载其俗居丧不食酒肉盐酪，而以鱼为蔬。今湖北多然，谓之‘鱼菜’，不特靖也。”

租：云南丽江纳西族土话称豆腐为“租”。

脂酥：豆腐的别称。明代方以智《通雅》："豆乳、脂酥，即豆腐也。"

菽乳：豆腐的别称。明代王志坚《表异录》："豆腐亦名菽乳。"明代陈懋仁《庶物异名疏》："菽乳，豆腐也。""菽乳"这一名称是元代孙作嫌"豆腐"二字不雅而改的。他在《沧螺集》中说："豆腐本淮南王安所作，惜其名不雅，余为改今名。"明代李翊《戒庵老人漫笔》也说："余邑先达孙司业大雅嫌豆腐之名不雅，改名菽乳。"

啜菽：这是对原始豆腐或豆腐前身（豆腐精制前的）的叫法。宋末陈达叟的《本心斋蔬食谱》说："啜菽，菽，豆也。今豆腐条切淡煮，蘸以五味。"清代朱昆田的《笛渔小稿》记载："《淮南王食经》，八公九师撰。惜哉其书亡，馔法不可见。偶然著遗述，啜菽物至贱。……"

犁祁：豆腐的别称。宋代陆游《剑南诗稿》卷七十二："新春穲稏滑如珠，旋压犁祁软胜酥。""犁祁"也可以写作"黎祁"或"来其"（见"黎祁""来其"条）。

淮南子：本指汉淮南王刘安主编的一部著作，但也有人用它来别称豆腐。明代周晖《金陵琐事》说："豆腐，杨业师名之曰'淮南子'，取其始于淮南王也。"

酥："酥"字在古代是指"豆腐"。苏轼《蜜酒歌 · 又一首答二犹子与王郎见和》"煮豆作乳脂为酥"的"酥"字，自注就说："谓豆腐也。"这句诗讲的是豆腐的制作过程，意思是：先把黄豆水磨成为腐浆（乳），再把腐浆过滤为浆（脂），煮沸加凝固剂助淀即成为豆腐（酥）。"明代方以智《物性志》的看法与苏轼的这首诗完全相同："豆以为腐，传自淮南王。以豆为乳，脂为酥。"

寒浆：豆腐的别称。汉乐府歌辞《淮南王篇》中就有"后园凿井银作床，金瓶素绠汲寒浆"的描写，"寒浆"即豆腐。

黎祁：豆腐的别称。陆游《剑南诗稿 · 邻曲》："拭盘堆连展，洗釜煮黎祁。"自注："蜀人以名豆腐。"

黎祈：豆腐的别称。"黎祈"常写作"黎祁"，是"黎祁"的异形词。清代毛俟园的《豆腐诗》用过它："珍味群推郇令庖，黎祈尤似易牙调。谁知解组陶元亮，为此曾经三折腰。"

豆腐在不同的国家有不同的名称。

豆腐的日本发音为 tofu，也被写作同音的“唐符”“唐布”。前者见于日本寿永二年（1183 年）奈良春日若宫的神主中臣祐重之日记；后者见于康正三年（1457 年）《寻尊大僧正记》。

冷奴：也是日本人对豆腐的称呼，意思就是冷盘豆腐。

白壁、白物：日本东麓被纳编著的词书《下学集》说日本称豆腐为“白壁”；而在女性中则又另有叫法，称为“白物”。

植物肉：美国人为豆腐起的外号。美国人认为豆腐是植物性食物中含蛋白质最高的，其所含的脂肪与动物性脂肪不同，更有益于人体健康。

大豆乳酪：法国人对豆腐的喻称。法国人认为乳酪含脂肪量通常在 10% 以上，豆腐只含有少量的饱和脂肪，是健康食品。

四、豆腐地方风味传说

1."恋爱豆腐果"的传说

传说在很久很久以前，有一个很有权势的苗王，他有一个女儿，名叫娘美，苗王对她十分宠爱。娘美是方圆几百里有名的大美人，并且心地善良，心灵手巧，很多有地位的公子、少爷都争相向她求婚。可是，在有一年的"三月三"歌会上，娘美却出人意料地把绣荷包扔给了家境贫寒的山哥。娘美执意要嫁给山哥，终于激怒了苗王，他暴跳如雷，命人把山哥母子赶出了山寨，任何人都不得收留和帮助他们。

在苗王的威逼下，山哥无奈，只得带着病重的老娘离开了山寨，逃进了山里，靠吃山上的野果艰难地度日。

山哥走了以后，娘美天天以泪洗面，唱山歌怀念他们在一起的日子，歌声哀婉、凄凉，让听见歌声的人都忍不住流下泪来。后来，娘美在她的贴身丫鬟和山里一个猎人的帮助下，从家里逃了出来。想到山哥及老母亲在山中缺吃少喝，娘美便用特制的皮桶装了一些豆腐，为了防止豆腐在路上坏掉，她让丫鬟事先用碱水把豆腐泡过。

恋爱豆腐果

等找到了山哥母子时，老母亲已衰弱得奄奄一息。娘美点起火，在火上烤着她带来的豆腐，然后拌上山中随处可见的野山椒和鱼腥草，一股香味弥漫在山林中。出人意料的是，山哥的母亲吃了烤豆腐后，身体一天天好了起来。后人说这是山哥、娘美忠贞的爱情和孝心感动了上天的缘故。

而故事的结局也是美好的：从此，山哥与娘美幸福地生活在一起，直到天长地久。

由于有了这个美丽的传说，这种烤豆腐成了当地人最喜爱的一种小吃，人们给它取了一个美丽的名字“恋爱豆腐果”。最常光顾烤豆腐摊的是一些恋爱中的青年男女，他们成双成对地在摊子边感受着“恋爱豆腐果”的鲜美，感受着爱情的甜美和热烈。因为他们希望自己的爱情也能像山哥和娘美一样执着、永久。

2. 平桥豆腐

平桥豆腐鲜嫩油润、美味异常。相传，1742年清乾隆帝下江南，乘船途经大运河畔的淮安古镇平桥时，当地有个名叫林百万的大财主，为了讨好皇上，便把皇帝从平桥南庵接到北庵的家中，并特地以自己平时最喜爱吃的鲜鲫鱼脑子加鸡汤烩豆腐招待皇帝。乾隆吃得很满意，连声称赞道：“豆腐妙哉！妙哉！天下第一菜矣。”从此，平桥豆腐便在淮安出了名。后经名师巧厨在选用配料和烩制方法上不断改进，平桥豆腐更加令人倾心，入口每每不忍停箸。

那么，平桥豆腐是如何烩制的呢?

首先，选择盐卤点浆的精细豆腐，放在冷水锅里煮沸，脱掉黄花水。然后，将豆腐捞出来轻轻压一压，除掉水分，切成瓜子大小的菱形薄片，浸在水中漂洗。烩制时，可根据季节选用鲫鱼脑、蟹黄等，注入鸡汤或肉汤，加上适量猪油和葱花、姜末煮沸。接着，将豆腐片和适量熟肉丁或虾米以及酱油一起投入汤内。待烧开后，再

平桥豆腐

用豆粉勾芡，撒少许味精拌匀即可上桌食用了。如再放点小磨香油、胡椒粉、蒜花、香菜之类，其味就更加香美了。

近百年来，平桥豆腐以其经济实惠、风味独特、营养丰富而备受国内外宾客欢迎。

3. 西施豆腐

西施豆腐为绍兴诸暨的传统风味名菜，无论是起屋造宅、逢年过节，还是婚嫁、寿诞、喜庆、丧宴，每每成为席上头道菜肴。相传，清乾隆帝游江南时，与宠臣刘墉一起微服私访来到诸暨，两人尽心游玩，信步来到苎萝山脚小村，只见农舍已炊烟袅袅，方觉肚中饥饿，便在一农家用餐，享用“西施豆腐”后，不禁击桌连声称妙，闻其菜名，脱口而赞：“好一个‘西施豆腐’。”

“西施豆腐”之豆腐雪白细嫩，配料高档，加清汤而烩，汤宽汁厚，滑润鲜嫩，色泽艳丽。西施豆腐是一种羹汤，是以豆腐为主要原料制作的食品，在诸暨一带比较流行，而且很有些历史。诸暨是西施的故乡，因此人们在这种美食前冠以西施的名字，当地人也称之为“荤豆腐”。

“西施豆腐”的制作方法：取质量上乘的豆腐适量，切成小块或丁粒。豆腐以清水煮至水沸，去原水以除豆腥，再加鸡汤适量，同时将香菇、火腿、嫩笋或其他适合口味的配料切成丁，放入锅中一起煮沸后，再加适当调料并勾芡，最后配以蛋黄汁和青葱即成。制作“西施豆腐”，原料质量是关键，其次是勾芡，太稀成汤，太稠也会失去味道。

西施豆腐

4. 素火腿、素鸡的由来

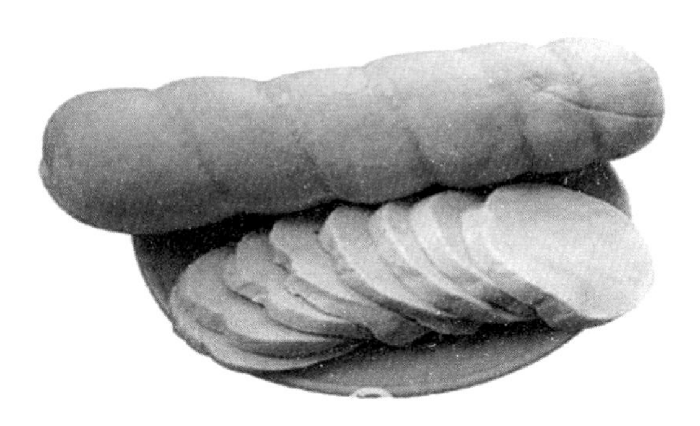

素鸡

素火腿

相传梁武帝萧衍在南京登基后，笃信佛教，大建寺院，还曾三次舍身同泰寺，却被大臣们出钱赎出，无法，便拜志公和尚为师，做了不出家的佛家弟子。

因为佛门“五戒”的头一条就是“戒杀生”，萧衍为此三次召集全国各地名僧到京城讨论要不要吃酒肉，最后形成一致意见，决定禁酒肉。为戒杀生，萧衍还作《断酒肉文》，反复强调酒肉的危害，竭力主张素食。

然而，以往大家都吃惯了肉食，突然改吃素食，实在不习惯，但皇帝御旨，谁敢违抗，只能“徒唤莫奈何”了。

一次，同泰寺里斋堂僧人妙生在做素斋时，由于做的豆腐太多，便随手把剩余的豆腐与其他蔬菜放在了一起，待下午再烧菜时，见四四方方的豆腐被压扁了。妙生拿起来一看，发现豆腐竟然有点窝脖子鸡的样子。妙生灵机一动，便取豆腐按照鸡的形状裹上纱布紧压脱水，切块再放上酱油、盐等作料红烧，谁知道烧出来的素鸡竟然色泽棕红，香味浓郁，柔中带韧，味美可口，虽然是素菜，却有荤菜的口感，僧人们吃后，大加赞赏。妙生不断琢磨，又仿制出了素火腿、素鱼等菜肴。方法一传出，立即受到佛家僧众和普通百姓的广泛欢迎并迅速流传开来，经过不断改进，形成了今天的素火腿和素鸡等食品。

5. 倘塘豆腐

“马尾拴豆腐——提不起来”，这是老幼皆知的俗语。然而云南宣威倘塘生产的黄豆腐，不仅能用麻绳拴起来卖，即使从 3 米处的高空扔下，也摔不烂，俗称“云南吃怪，倘塘豆腐拴着卖”。

倘塘豆腐在包装和销售上最为奇怪。据考证，“倘塘”一词由来久远，“倘”在彝语中指“长状缓坡坝子”，而“塘”则是元、明以来驿站或防卫所设的“哨所”。“倘”地设“塘”，故名“倘塘”，今为宣威市的一个镇。倘塘磨制豆腐的历史，可追溯至明洪武十三年（1380 年）前，那时的倘塘，为川、滇要道上的交通要塞，当地的居民受外地移民文化的影响，以豆磨制豆腐。他们利用本地豆类资源，以及清纯的山泉水，用酸浆点制豆腐后，染黄并包装成块状，用玉米梗及麻绳拴挂晾晒，制成黄豆腐。倘塘豆腐的制作工艺世代沿袭下来，每当农闲或豆类上市后，家家户户悬拴豆腐，远远望去，极像了绣房门口的串串珠帘，耀眼夺目，成为小镇上一道独特的风景线。

倘塘豆腐由于制作工艺独特，色彩鲜艳，美味可口，深受欢迎。另外，也因工艺复杂，成本高，其价比肉还贵，可谓“豆腐盘成肉价钱”。民国时，倘塘豆腐随马帮贩运到滇南的个旧、景洪等地卖，“三分一十的鸡蛋，两分一块的豆腐”，其价高得使生意人眼红。当地还流传有这样的歌谣：“年年有个三月三，苞谷长在豆中间；小妹莫说丧气话，豆腐卖成肉价钱。”“小小豆子圆又圆，推成豆腐卖成钱，人人说我生意小，小小豆腐赚大钱。”19 世纪 50 年代，倘塘豆腐传入曲靖等地，备受欢迎。80 年代以后，倘塘豆腐已进入省城昆明以及各州（市）酒店、宾馆，日产量已达数万块。小小豆腐身系民生大计，连接旺盛人气，成为火锅、炒、卤、炖品原料，上登大雅之堂，下入寻常百姓之家，真是个头虽小价值高，“小文章可做出了大效益”。

倘塘豆腐

6. 界首的白煮茶干

白煮茶干，数安徽界首的口味地道。

白煮茶干

人到界首镇，先逛逛老街。最好是在细雨霏霏的时候，一地石砖泛起迷蒙的清亮悠悠远去，白墙木窗的牌楼微微倾出，瓦檐下落水连线，身子却淋不着雨，这是老街人文的美。因为西傍运河堤坡，老街滋生的小巷一律向东。拐进太平巷，一人多高的上方，布满高低错落的木质雨篷，水渍斑斑，雨点打在上面发出“嘭嘭”的细音。墙根厚厚地爬了一溜边的苔衣和星星点点的小花。偶尔，你的右侧又会凹进去一户，深约一丈，门楼上耸出一株粗枝大叶的枇杷或是柏树，风一吹，沙沙作响。这时，你会嗅到一股夹杂着中药味的香气，淡淡的，却吊足了胃口。原来，这户人家的白煮茶干的锅烧开了，香气漫进了太平巷。

听老辈人讲，界首白煮茶干早在乾隆年间就是一种豆食贡品，当时有手掌一般大小。茶干的传说很多，说得最多的是虾米芦席茴香锅。从前，界首镇上家家打鱼捕虾，只有一户卖豆腐干的。一天，卖豆腐干的向邻居借了两张晒虾米的芦席，把一连几天卖剩下的豆腐干搁在上面晒。傍晚时，豆腐干上粘着一层虾米，晒成了硬邦邦的酱色，已没法吃，只好倒进开水锅里回软，顺手撒了一把小盐、小茴香调调味，想不到豆腐干起锅沥水后，捡一块尝尝，滋味如鸡肉一样鲜嫩，还透着一点点茴香虾米的异香，故取名“五香茶干”。从此，五香茶干与高邮湖的鲜鱼鲜虾一起，成为界首渔家美食一绝。茶干的吃法多种多样，最好吃的当数白煮茶干丝。操快刀将茶干削成上下两块，再切成细丝一堆，等汤锅里的水翻出大泡，加入茶干丝合上锅盖白煮，一会儿工夫，豆香、虾米香扑鼻。坐在随风荡漾的船舱里，夹一筷茶干搁进嘴里，喝一盅渔家米酒，你还想上岸回家吗？

7. 如意回卤干

如意回卤干

南京历史悠久，南京人也愿意把各种小吃和历史沾上边，例如这普普通通的回卤干。传说朱元璋在金陵登基后，吃腻了宫中的山珍海味，一日微服出宫，在街头看到一家小吃店正炸油豆腐果，香味四溢，色泽金黄，不禁食欲大增。他取出一锭银子要店主将豆腐果加工一碗给他享用。店主见他是个有钱的绅士，立即将豆腐果放入鸡汤中，配以少量的黄豆芽与调料同煮，煮至豆腐果软绵入味后送上，朱元璋吃后连连称赞。从此这种油豆腐果风靡一时，流传至今。因南京人在烧制中时常加入豆芽，其形很像古代玉器中的玉如意，故被称为“如意回卤干”。

8. 采石茶干

清乾隆年间，安徽马鞍山采石翠螺山下有个老头，谁也不知他叫什么名字，都喊他“勤老汉”。勤老汉夫妻俩无儿无女，虽说人勤快，一年到头种菜、打鱼，忙忙碌碌，可就是糊不了口。

老汉家门前就是大路口，每天人来人往。有的脚夫长途跋涉，来到这里又饿又累，就倚在墙角啃几口冷馒头；有的渔民捕鱼乏了，就把船停在桥头，进粥棚买碗稀糊糊喝下肚，又匆匆下江去撒网。勤老汉想：要是能做一种携带方便，既便宜又好吃的豆腐干，让行路人就饭吃该多好！

他把老伴去年秋天到江心洲拣来的小半口袋黄豆淘了淘，泡了泡，连夜用石磨磨了起来。

“哈哈！这样做成的干子没味！”

谁在大声说话？老汉抬头一看，门口立着个鹤发童颜的驼老翁，身背油篓，倚在门框上，望着石磨直咧嘴。老汉赶忙扶他进屋，老翁道：“勤兄，这样的磨法，豆汁走光了！”

“老哥，那你说怎样磨才好？”勤老汉端了一碗热腾腾的豆浆，双手捧给老翁。老翁谢过之后，蹲下身子，一手下料，一手推磨，不紧不慢，动作十分利索。勤老汉望着，心中赞叹不已，忍不住问道：“你年轻时也做过？”

“没有，我不过走的地方多了，处处留神学了一点罢了！”

“你家住哪？”

“没家，靠卖油过日子。”老翁叹了口气，“往后，有什么难处，你找我好了。不在九华山的庙堂里，就在丹阳镇东头第九家。”

老翁走后，勤老汉学着他的样子做豆腐干，做好了掰一块放嘴里嚼嚼，味道不错。再到对门江癞子家买一块尝尝，可又比不上人家。上门求教，江癞子二郎腿跷上了天。勤老汉和老伴商量，想上九华山去求教卖油老翁。老伴说：“哎哟，这么一大把年纪了还学个啥呢？”勤老汉笑笑：“看你说的，孔老夫子，六十学吹打，我比他还年轻八岁哩！”

他背上干粮，跋山涉水，栉风沐雨，走了四天四夜，来到九华山。询问了多少村，打听了多少寨，才摸到老翁讲的庙堂，伸头望望，里面空荡荡的。他失望了，一屁股坐在门口石阶上，埋怨起老翁来。

“馒头哟，刚出笼的馒头——”

正犯愁，见前面树荫下有位老妇在叫卖。他摸摸肚子，瘪塌塌的，就去买了一个馒头，咬一口，松软香甜，很有味！连吃十个，还不过瘾。他问：“大姐，你的馒头怎么蒸得这样好？”

老妇笑呵呵地说：“没啥巧，门道都在放面头上。面头大了，发的时间短一点；小了，发的时间就长一点。还要留神天气冷热……”

勤老汉细想了一番，一拍大腿：“哎哟，做干子不也是这样吗？门道就在点石膏上，不能多，也不能少。时间也得把握得当。对，窍门就在这！”

他顾不得路途遥远、山高水深，连夜往家赶。进了门，不吃也不喝，就学点石膏。困了，就趴在磨上打个盹；饿了，就抓把豆腐渣往嘴里填。整整花了两个月，老夫妻俩终于摸到了窍门。

对门的江癞子是个唯利是图的人。他见勤老汉的干子超过了自己，气不过，蹲在家门口，骂骂咧咧，一刀把家里的老母鸡宰了，熬一锅汤，将干子倒进去煮。这一锅香喷喷的干子，招来不少过客，一下子又把勤老汉比下去了。勤老汉想："他能杀一只，我能杀三只！"一把米把鸡都引来，一伸手逮住一只，举刀要杀，老伴眼泪汪汪地拦住了他："你把这生蛋换油盐的宝贝杀了，不过日子啦？"勤老汉想了想，把拎在手里的鸡又放了。

他又想起了卖油翁。再上九华山吧又怕找不到，决定到老翁讲的第二个地方——丹阳镇去找。

顶着炎炎烈日，老汉晓行夜宿，走了五天五夜，来到镇上。他顾不得喘口气、喝口水，就从街东头数起，一、二、三……到了第九家，抬头看看，原来是个药铺。一个瘦骨嶙峋的老郎中端坐在店堂里。

"请问，有个卖油翁住这儿吗？"

老郎中上下打量着满身汗水的勤老汉，说："有时，他在门口卖油。这几天没来，你等吧！"

勤老汉往门口一坐，从早等到晚，从天黑等到鸡啼，两天两夜，也不见卖油翁的影子。

第三天早晨，勤老汉见一个胖屠夫走进药店，要买三斤三两八角、二斤二两甘草、一斤一两桂皮，还有冰糖、香料，杂七杂八一大堆。老郎中一边称药，一边笑呵呵地问："怎么样？那汤里加上我配的方子，可有味？"屠夫笑着道："那还用问！人家都说我这骨头汤赛神仙哩，哈哈哈！"

勤老汉心里一动，也从郎中那里如数买了一包，并且把那些草药的名字、配方，一一记在心里。

他风尘仆仆地往回赶，一进门，就把老伴做的干子往锅里一倒，加上八角、甘草、桂皮、冰糖……让老伴加火煮。不一会儿，屋里香气四溢，揭开锅盖看看，那一块块干子暗红暗红，光看一眼，就叫人口水直淌。

这回，江癞子傻了眼，不知老汉锅里放了什么山珍海味。他气得把大锅往路口一支，想抢勤家的生意。可勤家干子一上市就被抢购一空，甚至有人说勤老汉的茶干不但能当菜，还能除病祛火。不出三天，江癞子的干子全都发了霉，馊得连狗都不闻。

几个月一过，勤老汉又犯愁了，找上门买干子的人不计其数。任凭夫妻俩没日没夜地赶，仍供不应求。勤老汉背累驼了，眼忙花了，常常一倒下就呼呼大睡。梦中，勤老汉似乎觉得自己全身长了千百双手，眨眼工夫，做出的干子堆积如山。他将干子分送给过路的脚夫、船工和伸着小手的娃娃……

"哈哈哈！"

一阵爽朗的笑声把他惊醒，一睁眼，只见卖油翁笑眯眯地站在门口，勤老汉忙上前拉住他那结满老茧的大手："老哥，你害得我好苦呀，为找你，我腿都跑断了！"

老翁收住笑，问道："见到卖馒头的奶奶和那老郎中了吗？他们都是你我的师傅呦！"

"师傅？"

见勤老汉迷惑不解，老翁又说："古人言，处处留心皆学问，老师处处都有，只要心勤、眼勤、腿勤、手勤，天下没有学不会的本事！"

勤老汉一拍脑袋："你是在教我学手艺的窍门呀！"他激动地拉着老翁的手道："老哥，好师傅，谢谢你的指点！"

打那天起，不论是雪花飘飘的严冬，还是烈日炎炎的酷暑，老夫妻俩一直咬着牙苦练。不仅掌握了一磨、二搅、三点浆的绝招，还学会了配料、压干子、包干子等全套手艺。别看他俩年纪一大把，可干起活来，那两双手就像燕子一样上下翻飞，谁见了不啧啧伸舌头？

做得多，卖得快，干子的名气就更大了，不出三年，就传遍了江南。老夫妻俩还不满足，又用火腿、虾米为配料，做出了各色各样的茶干。

据说，勤老汉临终前，把手艺传给了徒弟，徒弟又传给了徒弟，七传八传，传到了江癞子的子孙手里。江家为了发财，带着手艺跑到外地，也开起了采石茶干铺。也怪，在别处做出来的干子就是味道不美。

有人说，采石茶干是勤老汉用采石的水制成的，那水里掺着老夫妻俩的汗水，味道自然鲜美啰！

9. 臭豆腐的来历

也不知道是多少年前，有一对老夫妻，他们以讨饭为生，经常挨冻受饿。有一年，又到了年关。老头子出去讨饭，讨了整整一天，好不容易讨回来一块豆腐。他舍不得吃，就让给老婆子吃，老婆子也舍不得吃，就把它放在一个坛子里存起来。

臭豆腐

转眼过了年。一天傍晚，老头子端着空碗蹒跚而归，一进家门就瘫倒在门口。他唏嘘地对老婆子说："我饿极了，能不能找点吃的，我就要饿死了。"老婆子听后潸然泪下，对他说："老头子呀，咱们这日子，本来就是吃了上顿没下顿的，前几天你又生了病，没有去讨，家里早就揭不开锅了，哪还有吃的，就连老鼠都跑光了。"说着大哭起来："老天爷呀，这是不让我们活了，干脆就一起死了吧！呜呜呜！"老婆子越哭越伤心。老头子叹息着说："咳！老婆子呀，就是死，咱们都死不起呀！死也得有一包耗子药哇！"他也跟着哭起来，就这样，这对老夫妻抱头痛哭了很久……

也许他们的哭声真的感动了老天爷，也许人在饿急了的时候，鼻子特别的灵，总之，老头子在这生死存亡的时刻，闻到了一股飘然而至的臭味。他迷惑地抬起头，擦了擦老眼，问老婆子："老婆子呀，这是什么味道呀？"老婆子停止了哭泣，闻了闻，突然转忧为喜，大喊："豆腐！老头子，是我藏的豆腐！咱们有救了！"她边喊边爬到床下，抱出一个坛子，急切地打开，往里一看，接着又哭了起来。原来藏在里面的豆腐早已长满了绿毛，正发出刺鼻的臭味，它变质了。

看着绝望的老婆子，老头子却镇静下来："老婆子呀，不管怎样，这块豆腐，就算是咱们最后的晚餐吧。我们把它吃了吧，是生是死，就听天由命了。"于是，他们吃了这块带着绿毛的臭豆腐。

又过了若干年，老头子和老婆子双双谢世。出殡的那天，许多未曾谋面、衣冠整齐、自称是他们的徒子徒孙的“讲究人”，络绎不绝地前来送葬。他们生前居住的小茅屋，也被这伙人扒掉，在原地盖起了一个很大的作坊。村里的乡亲们发现，这个作坊只生产一种产品，那就是被刷去绿毛，装到一个个坛子里，还贴上红帖的臭豆腐。

据说那豆腐，不仅没药死这老两口，反而被他们加工成一种闻着臭、吃着香的食品。而这种食品越卖越火，越做越大，一直卖到21世纪的今天，几乎“臭”遍了中国。

10. 北京王致和臭豆腐

相传清康熙八年（1669年），安徽仙源举人王致和赴京赶考却名落孙山，想返回故里，盘缠又不够，就想留在京城攻读三年，准备再次应考。

然而“京城米贵，居大不易”，别说手里没钱，就是有几个钱，天天坐吃山空，两个月也难挨，得找个事做。做什么呢？王致和琢磨了几天，心想还是做老本行吧。原来王致和的父亲在家乡就是开豆腐坊的，王致和打小就在豆腐坊里打下手，可以说除了四书五经，他最熟的就是“豆腐经”了。于是，他就在安徽会馆旁边租了两间房子，买了石磨、大缸、大锅，砌了锅灶，配齐了家伙，再上街买了几斤黄豆，做起了豆腐。还别说，前街后巷的那些街坊邻居都认可他的豆腐，王致和也还能维持生计。第三年的夏天，有一天，王致和店里的豆腐做得太多，剩了不少，都发了霉，没法食用，但又舍不得扔。王致和就把剩下的豆腐切成小块，稍加晾晒，撒上盐和香料，放到小坛子里腌了起来。天长日久，他就把这事忘了。一天，王致和拾掇东西，看到了这口坛子，想起了这事，急忙打开坛盖，一股臭气扑鼻而来，用筷子夹出一看，豆腐成了青灰灰的颜色，试着尝尝，

北京王致和臭豆腐

却觉得臭味中有一股鲜美的味道，送给街坊邻居品尝，也都齐声夸好。

这一年秋天，王致和应考又未中，不免有些心灰意冷，于是放弃了科考，一门心思地做起了豆腐生意，专门在前门外延寿街开了个酱园，生产起了臭豆腐。王致和识文懂墨，有文化，爱琢磨，手艺越来越精，臭豆腐越做越好，名气越来越高。

清末的一天，咸丰状元、安徽寿州人孙家鼐身体不舒服，吃饭没有胃口，手下人灵机一动，给他推荐了王致和的臭豆腐。孙家鼐急忙令人去买。买来后放厨房里蒸一蒸，调上香油，就着臭豆腐一连吃了两块油合子。此后常常派下人买来下饭，并应店主的请求写了两副对联，“致君美味传千里，和我天机养寸心；酱配龙蟠调芍药，园开鸡跐种芙蓉”。每句的头一个字连起来就是“致和酱园”。传说慈禧太后也喜欢吃王致和臭豆腐，还将它列为御膳小菜，只是嫌名字难听，便因它青色方正的特点，给它取了个名字叫“青方”。

11. 云南路南卤腐

卤腐，又称腐乳，是以豆腐为原料腌制而成的一种食品。路南卤腐，色泽鲜艳，呈金黄色，味鲜回甜，细腻化渣，清香可口，在云南酱菜中名列前茅，是1980年云南省优质产品之一。

关于这路南卤腐，还有个美丽的传说呢。很久以前，路南黑龙潭旁，有一个美丽的撒尼姑娘，名叫娌妹。她美丽聪明，人勤手巧，小伙子们做梦都想娶她做媳妇，可她哪个也瞧不上，只喜欢斗牛夺魁而获得一头黄牯牛的牧人阿鲁。俩人经常在月光下相会，情投意合……娌妹的后娘是个狡黠的女人，她早就盘算好了，将娌妹嫁给富贵人家，好收一笔彩礼。当阿鲁来求亲时，她贪婪地要很多钱财。小伙拿不出，她

云南路南卤腐

便虚情假意地说："黑龙潭里有的是最好的水，做豆腐攒了钱，再成亲。"忠厚的阿鲁老实地答应了，每天都到她家干活，五更起，半夜睡，用路南黄豆和黑龙潭水磨豆腐，做了一盆又一盆，后娘却总说不够。

欢乐的火把节，年轻人都去石林摔跤、看斗牛，谈情说爱，娌妹和阿鲁却挑着豆腐，到处去卖。只卖了一部分，其余的被捂得发霉，成了半干臭豆腐，还长出了一层细细的白绒毛。后娘见了暴跳如雷，阿鲁气得无精打采，难过得直摇头。娌妹却笑呵呵地讲："急哪样？刺棵挡路用刀砍嘛，得动脑筋想办法。"她想了几天，将霉豆腐划成小方块，放进缸中，然后加进八角、茴香和辣椒，阿鲁又加进白酒，放了香油，用菜叶包裹严实，用油纸扎禁坛口。搁置一段时间后，两人将坛子抬到街上揭开油纸，清香扑鼻，过往的人馋涎欲滴，争相购买。

两人又小坛换大缸，生意越来越兴隆，后娘只得同意他们成亲。婚后，小两口开了个卤腐铺，卤腐越做越精，路南卤腐从此出了名。

路南卤腐是以豆腐为原料经发酵后划为小块，晒、捂为霉豆腐坯，浸酒控干，裹上配料腌制而成。卤腐分为油卤腐、叶卤腐、酒卤腐。三者均为冬制、春贮、夏食，揭开罐封，浓香扑鼻，用以佐餐，解油醒食，能增进食欲、帮助消化，令人久食不厌，是色、香、味俱优的佳品。

12. 霉豆腐的来历

贵州惠水县雅水一带，布依族过年的时候，除了腊肉、香肠、血豆腐这"三大菜"之外，还有一道菜是必做的，那就是霉豆腐。而当地也流传着一个关于霉豆腐来历的故事。

相传很久以前，有一个做小本生意的年轻人，名叫阿岑。他跑长途买卖，又是光棍汉，所以平时生活很简单，每顿饭只要有块白豆腐就可以了。

有一年冬天，一天，阿岑正在吃饭，同伴又来催他上路。由于匆忙，他顾不上收拾，把吃剩下的那块白豆腐放到盐罐里盖起来，就急急忙忙地走了。哪知道一去就是半个月。回家那天，他又累又饿，赶紧做好饭。想起上次还剩下半块豆腐，便揭开盐罐，可豆腐已发霉，长了寸长的毛。另外去买吧，

霉豆腐

已经饿得不想动，没办法，他只好拿生毛的豆腐来下饭。他用筷子试着蘸一点来尝，想不到竟有一股说不出来的香味，越吃越舍不得放下筷子。他惊奇地看着这发霉的豆腐，仔细地想：豆腐搁在盐罐里封好，时间一长，就会变成又香又好吃的霉豆腐。

于是，阿岑不再跑买卖了，而是在家做起霉豆腐生意来，生意非常兴旺，那年春节他就赚了不少钱。不久，他盖起了新房子，娶了新媳妇。后来，阿岑将做霉豆腐的技术流传开来，人们一传十，十传百，大家都会做了，于是每到过年，人们的餐桌上又多了一道风味好菜。

13. 毕节臭豆腐干

贵州毕节盛产大豆，豆制品也丰富多样。在种类繁多的豆制品中，尤以臭豆腐干最为有名。臭豆腐干其实不臭，且具有一种独特的香味，其质地酥嫩细腻，食之清爽适口，若搭配以辣椒、花椒、盐等调料食用，味更鲜美。长期以来，毕节臭豆腐干一直是云贵川三省人民喜欢的佐餐下酒食品。

毕节臭豆腐干

毕节生产臭豆腐干已有百余年的历史。相传，清道光年间，毕节县城内有一家豆腐作坊，有一天做得豆腐过多，没有卖完。店主人怕老鼠偷吃，就将豆腐分别放在几个木柜内。第二天取时，有一个柜子被忘了，没有取出其中的豆腐，到第三天取出一看，豆腐已经发霉长毛了，却散发出一股特殊的香味。

主人舍不得扔掉，便抹上食盐用木炭烤后出售，结果因其别有风味，很快就卖完了。毕节臭豆腐干由此问世并渐渐出了名。

14. 忠州豆腐乳

传说在北宋太平兴国年间，四川忠州（今重庆忠县）城边有个小豆花店，豆花做得很好。店主刘三娘，待人热情，爱做好事，遇着讨口要饭、脚瘸眼瞎的人，宁愿自己少吃一碗，也要腾碗饭给他们吃，人们都叫她“刘善良”。

一天，刘三娘同 14 岁的儿子刘柱香正在做豆花，一个猎人提着一只白鹤进店休息，买了一碗豆花、一碗酒吃起来。刘柱香看见白鹤眼巴巴地望着自己，心中不忍，就要求猎人把白鹤卖给他，猎人不肯。刘三娘也向猎人求情，用了一吊铜钱，买下了这只白鹤。后来刘柱香天天给它涂药治伤，捉鱼虾、螺蛳喂它。养了七七四十九天，白鹤伤好了，刘三娘对它说：“去吧，以后多多留心。”白鹤点点头，飞上了天空，绕着豆花店飞了三圈，才向远处飞去。

过了不久，一个年轻尼姑挑着一担清水，来到刘家店铺休息，忽然昏倒在地。刘三娘同儿子把她扶进店中，从锅里舀碗热豆浆，用汤匙舀着慢慢喂她。尼姑苏醒过来，刘三娘又熬了碗姜糖开水给她喝，并和她聊了起来。尼姑走时千谢万谢刘三娘母子救命之恩，还说：“三娘，你救了我一命，我出家人没什么谢你，只有这担清水相送，你用它能做出最好的豆花来。”刘三娘说啥也不要，说：“我救你哪是为了让你谢我，我绝不收你的水！你快挑走吧！”尼姑一闪，走出门外。刘三娘叫刘柱香挑着水桶去追，可哪里追得上？他人小力气小，累得上气不接下气，追了几十步，便把桶顿在一棵枯树旁。谁知桶一落地，就化成一眼井，井水清亮，喝一口，甜滋滋的。刘家弄泉水来做豆花，做出的豆花又鲜又嫩，人们特别爱吃，生意一天天好起来。

城里有个姓王的大财主，家里很富有，在这一方称王称霸，人称“王半城”。王半城也开着个豆花铺，但做出来的豆花吃起来像嚼烂棉絮，吃的人很少。他见刘三娘生意好，十分眼红，暗中打听，才知道是井水的缘故。他想霸占这眼井，便带着几个家奴，气势汹汹地来到刘三娘家说：“这眼井是我家的祖业，我要收回。你们不能再到这井里来挑水了！”

刘柱香不服，大声说了这眼井的来由。王半城打个手势，几个家奴一拥而上，拳打脚踢，把他打了个半死，还砸烂了锅瓢碗盏。刘三娘见了，哭得死去活来，邻居们也愤愤不平，都咒骂王半城是个黑心肠，并安慰刘三娘，为刘香柱送药送糖送鸡蛋。

王半城霸占了这眼井后，很得意，用井水做了一锅豆花，尝一口，确实好吃。心里盘算着，如果把豆花铺开大点，肯定要发财。于是，发出请帖，选个好日子，请大小官员以及城中的一些绅士来吃豆花宴。清早，王半城叫人挑来两担水，用两升黄豆磨成五桶豆浆，倒在锅里烧着。宾客们陆续到齐了，王半城向他们吹嘘这井水打的豆花是如何如何好，讲得口水四溅，听得人也口水直流。然而午时过了还不见下人把豆花端出来，客人们都等得不耐烦了。王半城走进厨房一看，锅里还是清水，便开始焦急起来，但却假装没事的样子，出来招呼客人稍微等一下。可等到酉时，太阳都偏西了，还是没有一点豆花端出来。客人们肚子饿得咕咕叫，七嘴八舌说起了风凉话来：“王员外今天是‘半鲁’请客。”“王员外是精明人，请客不花半文钱！”……

随后，客人们一个接一个地嘟着嘴巴走了。王半城感到脸面丢尽，只有找水井出气。他带上几个家奴，拿着锄头耙子，冲到井边，挖土填井。挖了几下，突然“哗”的一声，从井中飞出一只白鹤，两下就啄瞎了王半城的眼睛，抓破了他的脸皮，朝远处飞去了。王半城痛得在地上打滚，回家没几天就死了。

刘柱香被打成重伤，几天来滴水不进，粒米不沾，刘三娘十分担心，哪有心思做豆花生意，原先做的豆花也放着不管，成天守着儿子哭。过了几天，刘柱香的伤渐渐好了些，能吃小半碗稀饭了，刘三娘才去经营豆花，到厨房一看，豆花全霉了，长满一层白绒毛。这怎么吃，只有倒掉！想到儿子伤没好，豆花又烂了，这些日子怎么过呀，就伤心地哭起来。这时，一只白鹤飞到她屋前，变成白衣女尼，走进屋来，摸出一颗红药丸，递给刘三娘，劝她说：“我本是白鹤仙子，前次被猎人射伤捉住，全靠你母子相救，特用井水报答恩情，哪晓得反而害了你们。现在恶人已除，莫再焦愁，这颗药可治好你儿伤痛。这些霉豆花，也有法子。”说着口念一偈：“长霉心莫焦。装坛加作料，待到六月后，满城香气飘。”说完，化为白鹤腾空飞去。

刘三娘谢过白鹤仙子，马上舀碗水，让刘香柱服下药丸。真是仙丹妙药，刘香柱吃下就好了。母子俩欢天喜地，赶紧找来三个坛子，把长霉的豆花块放进去，加进盐水、白酒、陈皮和八角等调料，用稀泥巴把坛口封好。六个月后，她揭开稀泥巴，清香浓郁，尝一口，味道美极了。母子俩欢喜得不得了，给它取了个名字叫“霉豆腐”，因为泡的盐水好像乳汁一样，又叫它“豆腐乳”。就这样，刘三娘的生意又兴隆起来了。

忠州豆腐乳

刘三娘去世后，刘柱香还是用那井水做豆腐乳，后来不断改进做法，小坛换大坛，豆腐乳越做越好，名气越来越大。

15. 桂林豆腐乳

很久以前，桂林临桂四塘横山村有一户打豆腐的铺子。开铺子的是两个老人和一个女孩。一家三口勤勤恳恳，精心制作，打出的豆腐又白又嫩，方圆几十里的人都爱到他们这个铺子买豆腐吃。

有一天，他们刚点完几板豆腐，就听到村里很热闹。他们跑出去一看，原来是歌仙刘三姐到桂林传歌，村里的人拖儿带女，要赶到桂林听山歌。

老两口和女孩是山歌迷，一听到这个消息，急急忙忙把铺门一关，跟着村里的人赶歌会去了。

刘三姐真不愧是歌仙，她一连唱了七天七夜，听得成千上万的歌迷如痴如醉。如果不是柳州人来打岔，请三姐去赴歌会，恐怕听个十天半月都不会完。

听罢山歌，他们回到屋里一看，哎哟，屋里的豆腐都长出了一层白绒绒的毛。这样的豆腐哪还卖得出手！

老头子直叹气，老妈子还在品刘三姐山歌的味道，总讲听了刘三姐的歌，

桂林腐乳

死都值得了，讲得老头子发火了，大喊把豆腐拿去倒掉。

母女俩抬起几板长了白毛的豆腐，想起做这豆腐的豆子，又心疼得倒不出手。刚好厨房边有几个大坛子，她们就在这些豆腐上洒些盐和三花酒，一块块装进坛子里腌起来，打算自己吃。

日子一久，她们也就忘记了这件事。

那一年四塘遭了灾，官府只管收捐，不管百姓死人倒灶。这一家三口眼看连饭都没得吃了，吊起鼎锅只有叹气。这里，女孩猛然间想起了以前那几坛腌豆腐，这总比吃树皮、观音土好点。

她打开坛子一闻，哎呀，一股香味引得四邻都流口水，夹一块尝尝，那细滑香嫩的味道，就是山珍海味也没得比。他们把腌豆腐拿到城里去卖，整个桂林都沸腾了。

从此，四塘横山的腌豆腐就出了名。

清雍正皇帝得了病，吃什么山珍海味都觉得像寡淡无味。当时陈宏谋在朝廷当大官，他是四塘人，就带了一坛腌豆腐献给皇帝，皇帝吃了腌豆腐，胃口大开，赞不绝口，就问陈宏谋这是什么，陈宏谋不敢讲是乡村里的腌豆腐，就讲这是桂林的特产“乳腐”。从此，桂林的“乳腐”就作为贡品，年年献给皇帝。而后来，桂林人恨死了清廷的腐败，为了表示反清意志，就把“乳腐”倒过来，叫作“腐乳”。

第二编　现代豆腐制作工艺

豆腐的制作看似简单，实则不易，要做出好的豆腐,必须具备丰富的经验和技巧。俗话说“豆腐水做”，离开水，豆腐也就不存在了，水是豆腐制作的必备要素；大豆的浸泡、研磨、烧煮、点浆、浇制、压榨缺一不可，只有环环相接，恰到好处，才能制作出上好的豆腐；同时，选用健康安全的添加剂，采用简便科学的工艺也极其重要。

一、豆腐制作中使用的添加剂

1. 消泡剂

泡沫可定义为液体介质中稳定的气体。泡沫是一种气体在液体中的分散体系，气体成为许多气泡被连续相的液体分隔开来，气体是分散相，液体是分散介质。

泡沫局部表面张力降低导致泡沫破灭。消泡剂撒在泡沫上面，当其溶入泡沫液，会显著降低该处的表面张力。因为这些物质一般对水的溶解度较小，表面张力的降低仅限于泡沫的局部，而泡沫周围的表面张力几乎没有变化。表面张力降低的部分被强烈地向四周牵引、延伸，最后破裂。

消泡剂能破坏膜弹性，从而导致气泡破灭。消泡剂添加到泡沫体系中，会向气液界面扩散，使具有稳泡作用的表面活性剂难以发生恢复膜弹性的能力。

消泡剂能促使液膜排液，从而导致气泡破灭 。泡沫排液的速率可以反映泡沫的稳定性，添加一种加速泡沫排液的物质，也可以起到消泡作用。

添加疏水固体颗粒可导致气泡破灭。在气泡表面，疏水固体颗粒会吸引表面活性剂的疏水端，使疏水固体颗粒产生亲水性并进入水相，从而起到消泡的作用。

泡沫在生产中有如下危害：在传统的手工作坊及用外置锅炉的豆浆机做豆浆时，豆浆加热到 60℃ 左右便会产生大量的泡沫，称假沸腾现象。由于泡沫的原因，会造成有用或贵重原料因漫溢而损失，由此产生的浪费就不言而喻了。

这时就需要加入消泡剂进行消泡，才能维持正常生产。常用的消泡剂有以下几种：

（1）油脚，是炸过食品的废油或是压榨油脂时的沉淀物，含杂质多，极不卫生，但价格低，手工作坊多用这种消泡剂；

假沸腾

（2）油脚膏，是酸败油脂与氢氧化钙混合物制成的膏状物；

（3）有机硅树脂，国家标准只允许使用量在十万分之五以内；

（4）粉状豆制品消泡剂，活性成分包括单甘酯、磷脂、硅油、轻质碳酸钙；

（5）脂肪酸甘油酯。

这里要特别说明的是一种可不使用消泡剂的装置。“中科华宝”生产的豆浆机和豆奶机，由于采用专利技术——内置式热转换系统，克服了生产中的假沸腾现象，所生产的豆浆、豆奶完全不需要任何消泡剂和各种添加剂。

2. 凝固剂

凝固剂又称强凝聚剂或即效型凝聚剂，是一种能使胶乳或橡胶溶液迅速凝固的物质，种类较多，应用很广。因其粒子能中和胶体粒子的电荷，加入熟豆浆中，可使已经发生热变性现象的大豆蛋白质发生凝固作用，由蛋白质溶胶变成蛋白质凝胶。盐类和酸类均可作为凝固剂。常用的凝固剂有盐卤（氯化镁）、熟石膏（硫酸钙），以及其他钙盐、有机酸、葡萄糖酸内脂等。有些地方用 pH4.2 ~ 4.5 的酸黄浆水做凝固剂，它能作为使食品中胶体（果胶、蛋白质等）凝固为不溶性凝胶状态的食品添加剂。大豆制品的凝固剂基本上分两类，即盐类和酸类。盐类如硫酸钙、硫酸镁、氯化钙等，酸类如醋酸、乳酸、柠檬酸、葡萄糖酸等。

本书对其他的凝固剂只做大概的介绍，主要就盐卤进行说明，重点了解

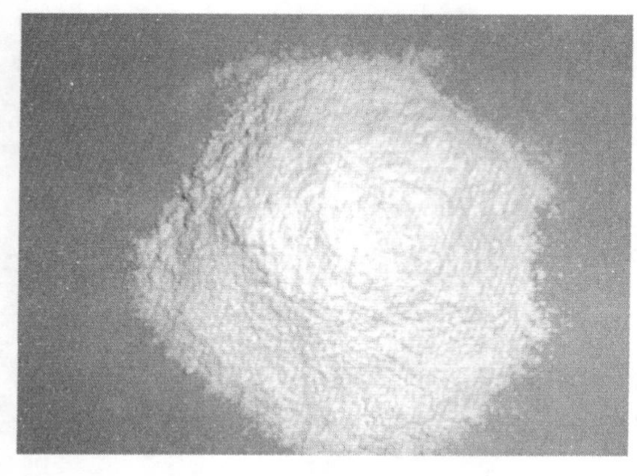

石膏粉

盐卤在豆制品生产中的使用方法和用量。只有很好地掌握盐卤的特性和机理，才能生产出质量上乘的豆制品，也才能提高豆制品生产的效率和出品率。

盐卤又称苦卤，是海水或盐湖水制盐后，残留于盐池内的母液。主要成分有氯化镁、硫酸钙、氯化钙及氯化钠等，味苦、有毒，蒸发冷却后析出氯化镁结晶，称为卤块。

卤块溶于水亦称卤水，浓度一般为 20° Be′ ~ 29 ° Be′。做凝固剂用时，浓度一般为 18° Be′ ~ 22 ° Be′，用量约为原料中大豆重量的 2% ~ 3.5%。其点卤方式为：在搅动熟豆浆的同时，持续而缓慢地加入盐卤；亦可将盐卤间歇加入熟豆浆中，中间有一定的时间间隔。

用盐卤做凝固剂，凝固速度快，蛋白质的网状组织容易收缩，制得的豆腐持水性差。一般制豆腐干、油豆腐等豆制品采用盐卤作为凝固剂较合适，制得的产品没有涩味，口感较好。

盐卤是我国北方制豆腐常用的凝固剂。用盐卤做凝固剂制成的豆腐，硬度、弹性和韧性较强，称为老豆腐，或北豆腐、硬豆腐。

因盐卤对口腔、食道、胃黏膜会产生强烈的腐蚀作用，对中枢神经系统有抑制作用，患者误食后，会出现恶心呕吐、口干、胃痛、腹胀、腹泻、头晕、头痛、出皮疹等症状，严重者呼吸停止，休克，甚至死亡。

3. 防腐剂

食品的防腐保鲜是食品生产行业所面临的最大难题之一。食品在贮藏期间会受到细菌、霉菌、酵母菌等微生物的作用而腐败变质。变质食品不仅失去其营养价值，而且发生感官变化，甚至产生有毒物质。长期以来，为保存食品，人们采取了一系列物理和化学方法，如低温、加热、降低水分活性、真空包装、添加防腐剂等，但是至今仍未根本解决食品的防腐保鲜问题。目前，在冷藏链还不完善的情况下，防腐剂保鲜仍占重要地位。食品加工企业主要采用化学合成的防腐剂，如山梨酸、苯甲酸、丙酸等，但化学合成防腐剂的安全性受到质疑。随着人们对食品质量要求的不断提高，开发广谱、高效、天然、安全的食品防腐保鲜剂已成为当前食品科学研究的热点之一。

防腐剂是为抑制微生物的生长繁殖，防止食品腐败变质，延长保存时间而使用的食品添加剂。狭义上称为防腐剂，广义上是杀菌剂和抑菌剂的总称。

防腐剂必须在食品中均匀分散，如果分散不均匀，就达不到较好的防腐效果。防腐剂溶解时，溶剂的选择要注意，有的制品不能有酒味，就不能用乙醇作为溶剂；有的食品不能过酸，就不能用太多的酸溶解。溶解后的防腐剂溶液，也有不好分散的情况，由于加入食品中，化学环境改变，局部防腐剂过浓便会有防腐剂析出，不仅降低防腐剂的有效浓度，还影响食品的外观。

防腐剂的杀菌作用很小，只有抑菌的作用，如果食品带菌过多，添加防腐剂是不起任何作用的。因为食品中的微生物基数大，尽管其生长受到一定程度的抑制，但是微生物增殖的绝对量仍然很大，最终其代谢分解使防腐剂失效。因此，不管是否使用防腐剂，加工过程中严格的卫生管理都是十分重要的。

现在业内对防腐剂的认识已进入误区。一种是把防腐剂当灵丹妙药，以为加了就万事大吉，其实防腐剂只起抑菌的作用，如果生产工艺不做调整与控制，造成初始菌过多，也是没用的。另一种是把能加的防腐剂都按限量加个遍，这样便导致成本增加且很容易犯超量使用防腐剂的错误。

保鲜其实是一个系统工程，要从原料、工艺、包装、车间、机械、员工多方面通盘考虑减菌及抑菌的问题，只有这样，才能花最小的成本，达到最佳的保鲜效果。

在豆制品中适量添加相关防腐剂，会起到良好作用。豆制品生产常用的防腐剂有脂肪酸甘油酯、甘氨酸和溶菌酶等，这些物质对耐热性芽孢杆菌、革兰氏阳性菌等各种霉菌有较强的抗菌性。使用防腐剂时，必须按照《食品添加剂使用卫生标准》规定的种类和剂量添加。我国标准规定，豆制品使用的防腐剂有苯甲酸、苯甲酸钠、山梨酸、山梨酸钾、丙酸钙等。

4. 香料

香料主要指如胡椒、丁香、肉豆蔻、肉桂等有芳香气味或防腐功能的物质，是用于调配香精的原料。按其来源可分为天然香料、合成香料和单离香料；按其用途可分为日用化学品香料、食用香料和烟草香料。

香料

豆制品中使用香料是为了增加产品的香味，提高豆制品的品质，增进人们的食欲，还可以让豆制品的营养成分被更好地吸收。在豆制品胚料中增加香料，可使原本单一的品种得以增加，更能满足现代人们日益多样化、强烈化的饮食需要。

我国豆制品生产有悠久的历史，经过几千年的不断研究和发展，在品种和花色上都有了巨大的进步，在豆制品中添加香料就是一种难得的尝试，而成绩也一再证明这种尝试是正确的、进步的。

我国豆制品中，使用香料最多的是卤制豆腐干和腐乳。人们在日常生产中不断研究，把各种香料的特性和用途都很好地总结出来，然后进行熬制，制成高级卤汁。特别需要说明的是，这些香料大部分都是中草药，而用这些香料熬制的卤汁不但增加了豆制品的口感和香味，也有一定保健作用，是真正的药食同源的美食。

不同的豆制品其使用香料的品种和用量是不同的，应视具体情况按具体比例添加，即我们所说的配方。一个品种的配方要经过无数次的实验才能得到完善，有的配方只需要几种香料，有的则需要二十多种，特别是一些名优产品的配方属于高级商业机密，即平常所说的秘方。

我国香料主要有花椒、小茴香、胡椒、肉桂、陈皮、桂皮、甘草、良姜、八角、丁香、白芷等几十种，这些香料通过不同的原料配比，组成了特别的配料。

5. 酵母和曲霉

酵母

酵母是一些单细胞真菌，是人类文明史上被应用得最早的微生物。在自然界分布广泛，主要生长在偏酸性的潮湿的含糖环境中，而在酿酒工艺中，它也十分重要。

酵母分为鲜酵母、干酵母两种，是一种可食用的、营养丰富的单细胞微生物，营养学上把它叫作“取之不尽的营养源”。除了蛋白质、碳水化合物、脂类以外，酵母还富含多种维生素、矿物质和酶类，每千克干酵母所含的蛋白质，相当于 5 千克大米或 2 千克大豆或 2.5 千克猪肉的蛋白质含量。

发酵后的酵母还是一种很强的抗氧化物，可以保护肝脏，有一定的解毒作用。酵母里的硒、铬等矿物质能抗衰老、抗肿瘤、预防动脉硬化，并能提高人体的免疫力。

在豆制品制作过程中，使用酵母可以改变产品的风味，同时，因为酵母的主要成分是蛋白质，几乎占了酵母干物质的一半，而人体必需之氨基酸含量充足，尤其是谷物中较缺乏的赖氨酸含量较多，还含有大量的维生素 B_1、B_2 及 B_3，所以，酵母能提高发酵食品的营养价值。

曲霉

为了让豆制品的风味更加有特色，我国豆制品生产积极合理地应用曲霉，生产出了许多深受广大消费者喜爱的产品。

曲霉是发酵工业和食品加工业的重要菌种，已被利用的有近 60 种。2000 多年前，我国就利用曲霉制酱。现代工业利用曲霉生产各种酶制剂（淀粉酶、蛋白酶、果胶酶等）、有机酸（柠檬酸、葡萄糖酸、五倍子酸等），农业上用作糖化饲料菌种，例如黑曲霉、米曲霉等。

米曲霉菌落生长快，10 天直径可达 5 ~ 6cm，质地疏松，初为白色、黄色，后变为褐色至淡绿褐色，背面无色。分生孢子头呈放射状，直径 150 ~ 300μm，也有少数为疏松柱状。近顶囊处直径 12 ~ 25μm，壁薄，粗糙。顶囊呈近球形或烧瓶形，长度通常为 40 ~ 50μm。小梗一般为单层，长为 12 ~ 15μm，偶尔有双层，也有单、双层小梗同时存在于一个顶囊上的。分生孢子幼时呈洋梨形或卵形，老熟后大多变为球形或近球形，直径一般为 4.5μm，粗糙或近于光滑。米曲霉是我国食品酱和酱油传统酿造的重要菌种，也可生产淀粉酶、蛋白酶、果胶酶和曲酸等，亦会引起粮食等工农业产品霉变。

二、豆腐制作工艺流程

1. 现代豆腐生产工艺流程图

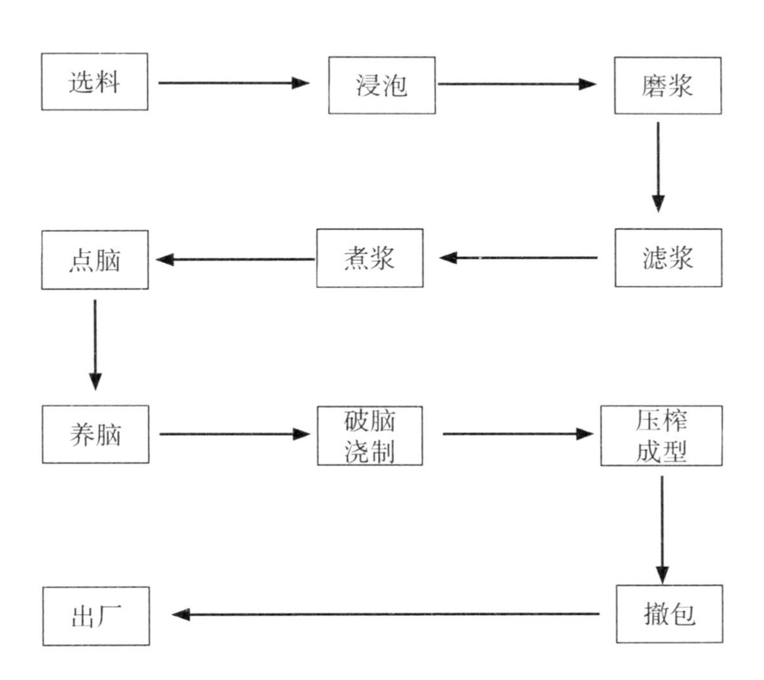

2. 现代豆腐制作工艺流程

选料

想在市场上买到干干净净的大豆较为困难，因为在运输和储藏的过程中，往往有草籽、树枝、泥土、沙粒、石子、金属屑等杂质混入大豆中，影响成品的质量和卫生，较硬的石子、金属等杂质进入磨浆机还可能损坏机械设备，缩短设备的使用寿命。因此需要通过精心的选料，把混杂在大豆中的各种杂物剔除，从而保证原料的清洁干净。条件不容许的时候只能通过手工筛选，这是一个比较烦琐的过程，需要耐心和细心，适合一般的手工作坊，一定要不怕麻烦，稍有疏忽就有可能造成不必要的损失，导致工作停顿，影响生产。

选豆

手工筛选分干选法和湿选法两种。

干选法：为了减少工作量，每次称量好足够当天使用的大豆进行人工筛选，先用较小的小圆筛子把大豆筛一遍，一些较小的杂物就从筛眼漏下去了，然后用簸箕先上下颠簸，把一些较轻的柴草枝叶颠出去，随后左右摇摆簸箕，将那些颗粒大的大豆先分离出去，这样反复几次，簸箕里的杂质就所剩不多了。

湿选法：包括浸泡前和浸泡后两种方法。浸泡前湿选法是根据物质比重不同的原理来漂选。把要浸泡的大豆倒入一个圆形的器皿里，加入适量的水，手握罩滤在水面搅动大豆，那些瘪豆、烂豆、柴草、草籽等由于比重较轻便会漂浮在水面上，那些比重较大的石子、金属就会沉淀到底部。此时，先把漂浮杂物清除，再将质量好的大豆捞出来，就剩下沙粒、石子和金属了，经过手工拣选就能把杂质剔除，从而达到清除杂质的目的。此种筛选法也会起到清洗大豆的作用。

浸泡后湿选法是一种比较理想的筛选大豆的方法。大豆浸泡到研磨的时候，几乎所有的能漂浮的杂质都漂浮在水面了，用罩滤就可以轻松地清除。在研磨之前搅动浸泡好的大豆，质量好的大豆就会随转动的水漂浮起来，用罩滤把这些大豆捞到过滤箱里，捞几次就搅动几下大豆。由于石子、沙粒、金属的比重大，会向下沉淀而不会漂浮，所以直到把所有浸泡好的大豆捞完，剩下的就是比较重的杂质了。

浸泡

大豆浸泡有时间上的限制，大豆浸泡过度或浸泡不足都会影响豆制品的产量。浸泡适度可使蛋白质外膜由硬变脆，在研磨时就能被充分磨碎，使蛋白质最大限度地游离出来。如浸泡过度，蛋白质外膜变软，不易磨碎，会影响成品出产率；如浸泡不足，蛋白质外膜仍很硬，也会影响产量。

检验浸泡是否适度的办法：把浸泡后的大豆掰成两半，如果豆瓣内侧已基本呈平面，中心部位略呈浅凹面，说明大豆浸泡恰到好处；如果豆瓣内侧完全呈平面，说明浸泡过度；如果豆瓣内侧还有深的凹陷或有黄心，说明大豆浸泡不到位。

影响大豆浸泡的最主要的因素是气温，浸泡时间的长短，应根据豆种、水质、水温等因素而定，南方和北方也有较大的区别，要因地制宜。不同的季节，大豆浸泡程度也不同。冬春两季气温较低，可适当地延长浸泡时间，即使浸泡得有些过度也不会影响产量和质量；夏秋两季，气温偏高，容易发生酸腐现象，应防止坏浆的发生，因此，大豆浸泡的时间相对要缩短，即使没有完全泡到位，也不会影响质量和产量。环境密闭、通风不畅，气温就高，要适当缩短浸泡时间，同时要开窗通风，减慢水温升高的速度，通风后要适当关闭门窗，降低室温，减缓浸泡的速度。

气温与浸泡时间的关系

气温（℃）	0	10	15	20	25	30	35
浸泡时间（小时）	24	18	14	10	7.5	6	5

为了让大豆吸水均匀，在浸泡期间，应每隔一段时间搅动一次大豆，搅

动的幅度要大，因为一般情况下上部的水与空气接触，水温高，大豆容易吸收水分，底部水温低，大豆吸水速度就慢一些。最好是分批次，分器皿浸泡，如果一次浸泡的大豆量比较大，多次搅动后所有的大豆同时浸泡到位，而生产能力又没有跟上，就有可能使大豆浸泡过度，从而影响质量和产量。

大豆浸泡到一定时间，泡豆的水就会发酸，因此产生大量的微生物，尤其是高温的夏季，这些微生物的繁殖更为迅猛。在酸性的条件下，大豆蛋白质容易变性败坏，从而影响产量和质量，严重时还会导致坏浆现象，不能制成豆制品。所以，大豆浸泡好后，应先捞到一个专门的沥水盒子里沥尽水分，然后用干净的水冲洗，直到把大豆洗干净为止。但是在研磨之前，最好把大豆放在簸箕里搓去豆皮，因为豆皮里往往包含有已经发酸的水分和微生物，此法不仅可以把大豆清洗干净，而且能减少酸性物质和微生物对蛋白质的破坏。

大豆浸泡的顺序要领：浸泡大豆要按研磨的时间、数量有序地进行。先浸泡，先成熟，先研磨；后浸泡，后成熟，后研磨。不能一次性浸泡，这样同时成熟，就来不及生产；有可能浸泡过度，使得大豆蛋白质流失到废水里，造成减产或是影响成品质量。因此最好是分批浸泡，分批成熟，分次研磨。

大豆的质量也同样影响浸泡的顺序。新豆刚刚成熟，含水量大，吸水的速度相对就会慢一些，浸泡的时间反而要短，成熟的速度却快。需要说明的是，新豆收获以后，蛋白质还处于游离状态，没有达到饱和状态，这就影响了成品的质量和产量。因此，在条件允许的情况，最好不要使用新豆，而应选用陈豆，因为陈豆的水分基本上已经蒸发殆尽，蛋白质处于相对稳定的状态，通过浸泡能快速激活内部因子，最大限度地释放蛋白质，进而提高成品的质量和产量。

事物都存在个体差异，大豆也不例外，要想把大批量的大豆同时浸泡到位是不现实的，一般情况下只能满足 70% 的要求，20% 不能泡到位，10% 可能泡过度了。这都会影响大豆蛋白质的析出，造成损失。这也是加工豆制品最难掌握的技术，即使是一个有多年豆制品加工经验的技师，也很难做出两锅质量和产量一样的成品。在北方，由于天气较凉爽，在条件不具备的情况下，可以省去搓豆皮的工序，只要掌握好浸泡的时间，也可以生产出质量上乘的豆制品。这些都不足为奇，只是一个经验问题，只有掌握了大豆的习性和规律，才能加工出上佳的豆制品。

磨浆

磨浆是从经过浸泡的大豆中析出蛋白质的必需步骤。虽然经过浸泡，大豆蛋白质组织已相对松软，但仍较坚实，因此还需磨碎。研磨的过程就是破坏蛋白质组织的过程，原本结构紧密的蛋白质分子在研磨过程中变得细小游离，在水的稀释下很容易被析出来，这就是豆浆，剩余的就是纤维组织——豆渣了。

经过研磨的大豆，磨得越细腻，蛋白质外膜粉碎得越充分，但也要有一定的限度，因为磨得过细，大豆的纤维素会随着蛋白质一起被滤到豆浆里，影响成品的质量。适当的细度应以即使豆浆里尽可能少含豆渣，又使蛋白质能最大限度地被析出和利用为佳。

石磨磨浆

目前，大豆研磨基本已经抛弃了牲畜石磨研磨和手工石磨研磨的工艺，采用机械化设备研磨大豆。但是石磨研磨是较为理想的工艺，研磨的效果较好。

现在大部分豆腐加工作坊使用的是豆制品加工专用的砂轮机器磨。砂轮机器磨由上下两个磨片组成，上磨为定磨片，下磨片为活动磨片，上磨片为沟状磨齿，与边缘呈垂直角度，下磨片有四个柳叶形的沟槽，磨大豆时，可以通过扭动机盖上面的旋钮调节上下磨片距离，从而控制研磨粗细程度。大豆进入磨片之后先到达粗碎区，被粗碎之后才在水流的作用下流到细磨区，然后磨细并自然流出。

普通卧式自分离磨浆机

这种砂轮机器磨磨出来的豆浆

固形物呈片状，较为细腻均匀。磨片表面砂轮的粗糙程度，可以根据需要配制。这种砂轮机器磨的特点是体积小、耗电少、工效高，因此，采用砂轮机器磨是今后行业发展的最理想的选择。

研磨工艺步骤和操作要领：在磨豆浆之前，首先要了解磨浆机的结构和性能，熟悉掌握操作技术，按照磨浆机说明书一步一步操作，直到熟练为止。

磨浆机要放在适合豆浆流入铁锅的位置，同时要把水管通到料斗口，出渣口放置一个大小适合装豆渣的桶，这样就具备了磨浆的设备条件。

研磨是先加水，后开机器，然后再上料。上料时，必须控制好上料速度。磨豆时，流水在磨内可起润滑作用。磨盘运转时会发热，加水起冷却作用，防止大豆蛋白质发热变性，也可使磨碎物更细腻，同时，在磨的作用下，水和大豆蛋白质可混合成均匀的胶体溶液。加水时的水压要平衡，加水量要稳定，以使磨出来的豆浆细腻而均匀。如果水量太大，就会缩短大豆在磨片之间的停留时间，这样料就会极快地流出，达不到想要的细度要求。相反，如果加水量太少，会延长大豆在磨盘之间的滞留时间，导致出料速度缓慢，由于出料速度慢，磨片更易摩擦发热，导致豆浆中的蛋白质受热改变性能，影响出品率。一般研磨时的加水量为上料大豆的 5 ~ 6 倍较为合适。

磨浆机清洁卫生是保证豆浆质量的一个关键环节，每次用完机器都要认真仔细地清洗，特别是机箱内壁和转子四周要一次性清理干净，有些豆制品制作人员为图省事，往往几天才清洗一次机器，这样既不卫生，又会影响成品的质量，得不偿失，更严重的是会造成坏浆事故发生，带来不必要的损失。

清洗机器是因为豆制品富含蛋白质，会给细菌提供良好的繁殖环境，细菌过度繁殖就会产生酸性物质。通常豆制品的凝固剂是酸性物质，这些细菌繁殖产生的酸性物质就成为一种内在的凝固剂，导致在烧浆的过程中产生凝固作用，还没有添加凝固剂，豆浆就变成豆腐脑了。

特别是夏季，气温高，细菌繁殖速度会更快，前一次清洗以后，下次使用前要打开电源让机器转动起来，然后加入自来水，在机器空转时再清洗一次机器，让那些残留的酸腐物质和细菌随自来水离开，以减少坏浆现象的发生几率。

煮浆

要使溶胶状的豆浆变成凝胶状的豆腐脑，除添加凝固剂外，首先要使豆浆中的蛋白质发生变性。煮浆就是通过加热，使豆浆中的蛋白质发生较好的热变性，然后通过点浆变成洁白、有光泽、柔软有劲、持水性好并富有弹性的豆腐脑。豆浆加热烧煮后，可以除去大豆蛋白质的异味（豆腥味），并消灭豆浆中的有害细菌。烧煮加热的温度以98℃～100℃为宜。

煮浆的目的是为了让豆浆溶液发生热变性。煮浆的速度要快，加热时间太长则不利于豆浆的热变性。

手工作坊式小型生产中，投料量不多，采用的是土灶铁锅煮浆。采用这种方法烧煮的豆浆往往有一种焦煳味，而且带有微微的苦涩味。为了减轻焦煳味和苦涩味，在磨浆之前，可在锅里添加1千克左右的水，同时要按干大豆1%的比例加食用油，比如菜籽油、大豆油、花生油，也可以加0.5%的食用盐，这样就可以减轻焦煳味和苦涩味，而食用油和盐也可以起到消除泡沫的作用。

土灶煮浆使用的燃料主要有柴草、煤炭、牲畜粪便等，条件允许可以使用天然气和液化石油气作为燃料，这类燃料即干净又环保，更为理想。

煮浆的快慢取决于土灶打制的技术，要想打好一台效率高的土灶，需要把握好以下几个步骤：

要把土灶打成自吸式，能让火自然燃烧。要做到即使不借助外力，也可以把一锅豆浆烧沸，灶的四周与铁锅要留有3～5厘米的空隙，锅底距离炉箅子的距离在15厘米以内，烟道与灶要对直，烟道的直径不能小于10厘米，高度在4米以上，烟道越高则吸力越大，也越节省燃料。这样打制的土灶，火苗可以在灶里自然燃烧，火力均匀，铁锅受热也相对均匀，不至于糊锅。

为了提高燃烧效率，目前大多采用机械鼓风机鼓风，鼓风机应选择功率在100瓦特以内的机器，功率太大则火力太强，容易糊锅，功率小则风力弱，煮浆速度慢，锅底沉淀的豆渣和浓豆浆就相对增多，也容易造成糊锅现象的发生。

由于直接用铁锅煮豆浆，豆浆中的蛋白质和残留的一些豆渣会沉淀在锅底形成锅巴，产生焦煳味，因此，每次把豆浆舀出以后都要用铁铲把粘在锅底的锅巴铲掉，用竹刷或者清洁球清洗干净，以免影响豆制品的品质和卫生。

滤浆

滤浆分为滤生浆和滤熟浆两种。

滤浆

滤生浆：过滤生浆就是把刚刚磨制好的豆浆进行过滤，然后再烧煮。过滤豆浆一般选用滤孔密度适中的细布或滤孔密度紧密的纱布做滤网，方法是把滤网用干净的布条或细绳固定在瓦缸边缘，让滤网自然形成一个锅底形，然后倒入豆浆过滤。在过滤的过程中，要用一个木板或者铜板刮滤网，让豆浆顺利流下，也可以两个人提着滤网的四个角上下左右晃动，让豆浆流入缸内。最后把粘在滤网上的豆渣和杂质清理干净。

由于过滤生浆会产生大量的泡沫，一般都不采用这种方法。

滤熟浆：过滤熟浆就是在豆浆煮沸之后再过滤，方法同滤生浆，由于已经将泡沫消除，过滤就显得轻松自然。滤熟浆也可以避免偶然从锅底浮起锅巴混入豆浆中，影响成品的质量。

滤网使用完，网眼几乎都已经堵塞，所以每次用完滤网以后都要清洗，并且要一次性清洗干净，晾干备用。

要想制作出质量特别好的豆腐，也可以滤生浆和滤熟浆同时并用，因为制作豆腐时，豆渣分离得越干净，制作的豆腐光泽度越好，口味越细腻，品质越好。生豆浆过滤后经过烧煮，使残留的豆渣体积有所膨胀，进行第二次滤浆时，可以把豆浆内的豆渣再次分离出去，从而提高产品的质量。

点脑（或点浆）

在豆制品制作过程中，把豆浆变成豆腐脑，也就是使大豆蛋白质从溶胶状转变为凝胶状，这个转变过程就叫作凝固，俗称点脑或点浆。

大豆蛋白质的凝固可分为两个阶段：先是加热煮浆，使蛋白质发生热变性，这时蛋白质由原来的颗粒状松开并连接成链状结构。然后再通过凝固剂的作用，使蛋白质的链相互交织，形成网状结构。所以要使豆浆中的蛋白质凝固，必须加热和加凝固剂。这种凝固现象，在生物化学上叫作盐析作用，而添加的盐卤称为盐析剂。

经过凝固的环节后，豆浆转变为豆腐脑，大豆蛋白质的胶体结构也就完全变为固体包住液体的结构，这种包住水的性质称为大豆蛋白质的持水性或保水性。豆腐脑就是水被包在大豆蛋白质的网状结构和网眼中，不能自由流动，所以，豆腐脑具有柔软性和一定的弹性。

点浆时的凝固条件，关系着豆腐脑中大豆蛋白质网状结构的形成情况，因而也影响豆腐脑持水性的好坏等。如果网状结构中的网眼较大，交织得又比较牢固，那么大豆蛋白质的持水性就好，做成的豆腐柔软细嫩，出品率亦高。如果网状结构形成时，网眼较小，交织得又不牢固，这样大豆蛋白质的持水性差，做成的豆腐就会僵硬无韧性，出品率亦低。所以，凝固在整个豆制品制作中是一个重要的环节，是决定出品率和质量的关键。

不同产品的要求、点浆温度、大豆质量、水质、豆浆的 pH 等均会影响凝固的结果。

不同产品对凝固剂的要求：不同的豆制品要求选用不同的凝固剂。制豆腐的豆腐脑，要求成品含水量高，持水性好，以使制得的产品柔软有劲，富有弹性。制厚、薄豆腐皮的豆腐脑要求含水量大，以利于浇制。其他如豆腐干、香豆腐干及油豆腐等产品，要求含水量低。

点浆温度：豆浆加热的温度为 98℃ ~ 100℃。加凝固剂时的豆浆温度宜控制在 75℃ ~ 85℃。加凝固剂时，豆浆温度愈高，则凝固速度愈快，豆腐脑组织收缩多、持水性差，产品粗糙板结；加凝固剂时，豆浆温度太低，则凝固速度缓慢，豆腐脑虽结构细腻，但软而无劲，产品形状不易保持。故要求持水性高的产品如豆腐等，加凝固剂时的豆浆温度宜控制在 70℃左右，持水性低的产品如豆腐干等，加凝固剂时的豆浆温度宜控制在 80℃ ~ 85℃。此外，加凝固剂时的豆浆温度高，凝固剂用量较少，加凝固剂时的豆浆温度低，凝固剂用量多。

大豆的质量：大豆的质量不同，凝固剂的用量亦不同。新豆蛋白质的含量高，豆浆凝固剂的用量就多，所得的产品持水性好，豆腐柔软有劲，有光泽，出品率高，质量好，口味亦佳。陈豆由于存放时间长，内在的蛋白质已有一部分变性，因此制成的豆浆蛋白质含量低，凝固剂的用量就少，所得的产品持水性差，质地粗糙，没有弹性，出品率低，口味较差。

豆浆的 pH：豆浆的 pH 应该包括点浆前和点浆后两个方面，豆浆的 pH 大小与蛋白质的凝固有直接关系。豆浆的 pH 越小，即偏于酸性，加凝固剂后蛋白质凝固快，豆腐脑组织收缩多，质地粗糙；豆浆的 pH 越大，偏于碱性，蛋白质凝固缓慢，形成的豆腐脑就会过于柔软，包不住水，不易成型，有时没有完全凝固，还会出白浆。所以，点浆时，豆浆的 pH 宜保持在 7 左右，即中性状态较为适宜。

水质：制豆腐时，洗豆、浸泡、磨碎、过滤等均需大量用水，这些生产用水的质地对凝固也有影响。一般来说，用软水做豆腐时，凝固剂的用量少，大豆蛋白质持水性好，产品柔软有劲，质量好。使用溪水、井水等硬水，凝固剂的用量要增加 50%以上，蛋白质的凝固速度比较缓慢，产品疲软，成品容易变形。

搅拌的速度对凝固的影响：豆浆的搅拌速度与凝固有直接关系。搅拌速度越快，凝固剂的用量越少，凝固速度也越快；搅拌速度越慢，凝固剂的用量越多，凝固速度亦缓慢。搅拌的速度可根据品种要求而定。搅拌时间的长短要根据豆腐脑凝固的情况而定。豆腐脑已经达到凝固要求，就应立即停止搅拌，这样，豆腐脑的组织状况就好，产品也细腻有劲，出品率也比较高。如果搅拌时间超过凝固要求，豆腐脑的组织被破坏，蛋白质的持水性差，产品粗糙，出品率低，口味也不好。如果搅拌时间没有达到凝固的要求，豆腐脑的组织结构不好，柔而无劲，成品不易成型，有时还会出白浆，也影响出品率。另外，在搅拌的方法上，一定要使缸面的豆浆和缸底的豆浆循环翻转，以便凝固剂能充分起到凝固作用。如果搅拌不当，凝固剂在豆浆中就会分布不均匀，从而影响产品的出品率和质量。

有人在长期的实践中总结出这样的经验：浆稠点不老，浆稀点不嫩。这就说明点浆的浓度与豆腐的质量有密切的关系。点浆浓度太低，加入卤水以后形成的脑块小，块小自然就包不住水分，成品看起来死板，出品率就低。豆浆浓度太高，加入卤水以后，豆浆上下不能充分翻滚，底部一部分豆浆没有参与凝固，就会出现包浆的现象，造成这部分没有参与凝固的蛋白质白白流失。因此，磨浆的时候做到定量，适量加水、加料是控制豆浆浓度的关键，豆浆的浓度不合理，就不可能生产出高质量、高产量的豆腐。

使用盐卤点浆有两种方法，一种叫冲浆法。在卤水盆里放入40℃～50C°的温水，倒入卤片并顺着一个方向搅动，直到卤片完全溶化在水里，待缸里的豆浆温度降到75℃～80℃，左手提起点浆桶，右手端起卤水盆，两只手同时将豆浆和卤水交织快速倒入缸内，随后提起另一只点浆桶沿缸壁快速倒入，第二次把已经混合了卤水的豆浆冲起来，形成翻滚的波浪，待豆浆稳当之后，就完成了点脑的初步工作。然后盖上湿布或者盖之类的东西进行养护，这个过程在夏季和冬季有所不同，夏季约15分钟，冬季18～20分钟。在养护的过程中，不能动点好的豆腐脑，以免破坏豆腐脑的组织结构。另一种是搅拌法，搅拌的工具可以是长把的铜勺、木勺，也可以是不锈钢勺。把勺子放入点浆缸里，勺子距离缸边约10厘米，向一个方向翻动豆浆，让豆浆在缸里上下滚动，然后逐渐加入卤水，让豆浆和卤水充分混合并逐渐凝固，待豆浆基本上凝固成豆腐脑，卤水也加完了，这时就要放慢搅动的速度，当看到有米粒大小的豆花出现或者有豆花黏附在勺子上，便将豆腐脑平稳地停住。

一般情况下盐卤和水的比例是1：4，融化之后要过滤掉卤水里的杂质和残留的卤片，卤水一般占原料大豆的3%～4%，而在实际操作过程中，要根据浆的温度、原料质量、水质等来增减。添加过量，就会使得豆腐苦涩味很重，过滤不干净会硌牙；量不足，豆腐软绵无筋力，成型效果差。只有通过不断的摸索和体验才能掌握此中窍门。

点浆的步骤决定豆腐的老嫩程度，也决定了豆腐质量和产量的高低。这个过程主要应掌握搅动豆浆的速度和加入卤水的速度，如果搅动豆浆的速度快，加入卤水的速度也要相对加快，反之就要慢，如果没有看见豆浆上下翻滚，则不能加卤水，若豆腐脑已经基本成型，也不能再加卤水。

只要豆浆的浓度合适，点浆以后就可以看出豆腐脑点得是否成功。如果表面有大量的泡沫说明豆腐脑点老了，保水性就差，豆腐的品质就不好，成品失去弹性。如果表面没有泡沫，说明豆腐脑点得嫩，保水性就好，出品率就高，豆腐弹性好，细腻光洁，有韧性。如果有少量的泡沫，说明质量介于以上两种情况之间，豆腐的品质、保水性、弹性、韧性、出品率都一般。

养脑

点浆完成并不意味着就完成了大豆蛋白质的最终凝固，从表面上看，豆腐脑似已成型，蛋白质已经凝固，但豆腐脑其实并没有完全凝固好，蛋白质的网状结构尚不牢固，也就是说豆腐脑尚没有韧性。所以，一定要养脑，也就是让豆腐脑静置一段时间。养脑时用湿布把缸口密封，防止散热过快降低凝固的效果。养脑一般以 15 ~ 20 分钟比较适合，养脑后的豆腐脑网状结构牢固，韧而有劲，利于制豆腐，出品率也高。但也不能养太长时间，时间过长，豆腐脑渐趋冷却，这时，再浇制成各种豆制品，会出现成品软而无劲的状况。

一般情况下，上层的豆腐脑凝固的效果比较差，原因是将盐卤倒入的时候，盐卤自然下沉到缸的底部，造成上层盐卤浓度低，导致凝固效果差，有时会出现不凝固的现象，我们把这一层叫嫩浆。如果有这样的现象出现，在浇制豆制品以前要把这一层没有凝固的嫩浆先舀出来，在浇制当中倒入上层或者中间层。若不舀出而直接倒入豆腐模框里就会粘包布，造成成品表面破烂和裂口，影响产品的美观度，给销售造成困难。但出现此种情况时也可采取补救措施，就是再加适量的盐卤搅拌，直到表面的黄浆水变成淡黄色。

破脑浇制

养脑完成以后需进行豆腐浇制，这时不能急着往外舀脑，而是先打破豆腐脑严密的组织结构，让包裹在蛋白质周围的黄浆水流出来。方法是用刮板把表层 2 厘米以内的豆腐脑刮到一边，然后用勺深挖到 10 厘米以下的位置，连续挖 3 ~ 4 勺，也可以用木质的长剑在表面划出边长为 6 厘米左右的方形，让黄浆水自然流出来，过 2 ~ 3 分钟就可以浇制了。

浇制的过程就是把养好的豆腐脑用盆舀到豆腐模框里塑型。做卤水豆腐，在选择包布时一定要使用纯棉、密度大，也就是空隙大的布料，这样沥水比较快，豆腐成型快，成品质量好。

新的布料在使用前要先浸泡一段时间，然后搓洗，把布料上的浆水洗干净，使布料变得柔软透气，也达到了布料缩水的目的，然后放进加了食用碱的水里煮 10 ~ 15 分钟，这样可以起到消毒杀菌的效果，也使豆腐脑不易粘包布。以后每周都要煮一次，把粘在包布上的蛋白质除去，恢复包布的疏密性。煮过的包布要用清水淘洗1～2遍，把碱性成分洗干净，在制作豆腐的时候沥水就更容易了。

豆腐压榨成型模框

由于蛋白质容易滋生细菌，造成包布酸性过量，引发豆腐酸变，所以消毒清洗是每天必做的工作，不可大意。

压榨成型阶段，首先把沥水板平稳地放在支架上，豆腐模框放在沥水板上，两只手分别提起包布的两个角，垂直对准豆腐模框的中间位置放下，包布的四个角在豆腐模框四边中间位置自然下垂，然后伸开双手放在左右两个角的位置向下压，包布就顺利地铺在豆腐模框里了。铺包布时，四个角的下垂高度应一致，这样在包豆腐脑的时候才不至于漏脑或者一头过短，出现包不住的情况。

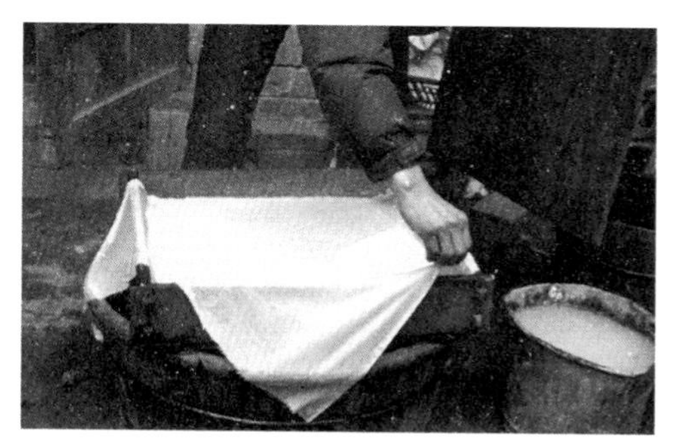

破脑浇制

铺好包布以后，把破脑后的豆腐脑舀到包布内，第一盆舀的豆腐脑要尽量浇得碎小，这样出水就快，不会粘包布，成品也光洁美观。浇脑分两次进行，第一次舀满豆腐模框，收起包布的四个角用力提起几下，这样做一来是撑展包布，二来是看包布是否在豆腐模框的中心。然后把四个角拽紧放在豆腐脑上，以防豆腐脑从包布的接缝处溢出。再取一个压板放在包布上，放上石头等重物进行压榨。

压榨

压榨的目的是加速蛋白质网状结构之间多余的水分排出，让蛋白质网状结构更加紧实。

压榨

加压也有许多窍门可借鉴，正确控制豆腐脑的温度高低和压力大小，是压榨成型的关键要素。一般舀脑加压的温度都以 80℃左右为宜，这个温度下蛋白质结构黏合力最强，在这个温度加压制成的豆腐韧性强，有弹性。

压力的大小取决于豆腐的含水量及豆腐脑的厚度。要求豆腐含水量小，就适当加大压力；豆腐脑的厚度小，排水快，就适当地减小压力。

压榨的时间一般以 25 ～ 30 分钟为一个时间段，第一次压榨，重量在 25 千克左右。

第一轮压榨结束后，应进行第一次整包，分别抓住包布的四个角轻轻向上提几下，让停留在包布上面的水分流出，把已经随豆腐脑下沉的包布重新提起来，然后按上压以前的方法把包布撑好，放上压板接着压榨。

20 分钟以后，进行第二次整包。这次整包的力度要轻，以免提散了已经基本成型的成品。整理好以后，将压榨重量减到 10 千克左右，等成品被压榨到和豆腐模框平齐时卸下，这时豆腐已经完全成型，压榨工作告一段落。

撤包

撤包时豆腐的温度还较高，特别是内部温度基本在 40℃ ~ 45℃，蛋白质之间的连接还处于不稳定状态，网状结构还比较松软，容易变形碎裂，故在撤包的时候，翻板动作要快，放板要轻，以免损坏成品的完整性。撤包以后，用凉水清洗豆腐表面，冲掉杂物和酸浆水，保持豆腐表面的干净，亦可降低豆腐的温度，然后互相叠放在通风的地方自然晾凉，保持豆腐的纯正口味。

三、其他豆制品制作工艺

所谓豆制品，就是我们通常所说的豆类制品，是以大豆、小豆、绿豆、豌豆、蚕豆等豆类为主要原料，经加工制成的食品。本书所讲豆制品均从“大豆”这一狭义出发，特指由大豆的豆浆凝固而制成的食品。而人们根据生产工艺的不同，又往往把豆制品分为非发酵类和发酵类。

（1）非发酵类豆制品是以大豆为主要原料，不经发酵过程制成的食品，包括：豆浆、豆腐、豆腐脑、豆腐干、豆腐皮、腐竹、素鸡、冻豆腐等。

非发酵类豆制品的生产基本上都经过选料、浸泡、磨浆、滤浆、煮浆、压榨工序，产品呈蛋白质凝胶状。

（2）发酵类豆制品是以大豆为主要原料，经发酵过程制成的食品，包括：腐乳等。

发酵类豆制品的生产要经过特殊的生物发酵过程，生产的产品具有特殊的形态和风味。

现将主要非发酵类与发酵类豆制品的制作工艺进行简单介绍。

1. 豆浆加工技艺

豆浆是将原料大豆经选料去杂、浸泡、磨糊、过滤除渣而制成的浆状液体。经高温灭菌的豆浆称为熟豆浆，不经加热的豆浆称为生豆浆。豆浆的制作加工是豆制品加工中最简单的技术，也是所有豆制品制作都要经过的一个程序，工艺虽然简单，但要想生产出口感和质量上乘的豆浆产品，仍必须进行精心的操作。

豆浆加工工艺流程：选料→浸泡→磨浆→过滤→烧浆→包装→销售。

豆浆

原辅料配比：大豆 100 千克，饮用水 1000 ~ 1200 千克。

出品率：100 千克大豆可以制得 1000 ~ 1200 千克鲜豆浆。

加工技术要领：

（1）选料。豆浆质量的好坏很大程度上取决于大豆原料的质量，正常情况下没有发生霉变，或者没有经过变性处理的大豆原料都可以用来做豆浆。

首先要正确选用做豆浆的大豆，最好选择颗粒饱满光亮、无虫蛀、无烂瓣、无霉变、无瘪豆、无鼠咬的大豆。原则上最好选择新豆作为豆浆原料，当然，这里所说的新豆并不是刚刚收获的大豆，而是经过 2 ~ 5 个月储存的大豆，刚刚收获的大豆还没有完全成熟，蛋白质还处于游离状态，稳定性差，豆浆的出产率就会降低。而经过一段时间储存的新豆，蛋白质更加稳固，豆浆的出产率自然就高了。

选好大豆后，还须把混杂在大豆中的各种杂物剔除，从而保证原料的清洁干净。条件不容许的时候只能通过手工筛选，这是一个比较烦琐的过程，需要耐心和细心，适合一般的手工作坊。此项工作要万分仔细，稍有疏忽就有可能造成不必要的损失。

（2）浸泡。浸泡的目的是为了提高蛋白质的利用率，也可以起到软化原料、保护磨浆机磨盘的作用。大豆经过浸泡，质地变软，蛋白质的溶出性也会更好，为生产过程创造了有利条件。

按 1 千克大豆加 2.5 千克冷水的比例浸泡。一般情况下，20 千克大豆春秋季浸泡 6 ~ 7 个小时，夏季浸泡 4 ~ 5 个小时，冬季浸泡 12 ~ 15 个小时。大豆浸泡到表面光亮，无皱皮，捏着有劲力、有弹性、无硬感、不脱皮，搓开豆瓣，中间稍凹，没有黄心，皮瓣发脆不发软为合适。浸泡时间过长，大豆蛋白质随废水流失严重，大豆易发酸，磨浆时产沫多，豆浆浓度降低；浸泡时间过短，大豆不能充分吸收水分，蛋白质不易溶出，豆浆出产率就低。在浸泡过程中，可按大豆重量的 0.2% ~ 0.38% 的比例加入适量纯碱，以提高蛋白质的溶出性，提高产量。

20 千克的大豆经过浸泡，重量可以增加到 42 ~ 44 千克。大豆的浸泡程度会直接影响豆浆的出产率，科学合理的浸泡方法是保证优质生产的重要因素，要时时根据气温的变化来调整大豆浸泡的时间，不能墨守成规。

（3）磨浆。磨浆就是加水并研磨大豆，最终破坏大豆的颗粒结构，获得更多的大豆蛋白质等物质。如果不对大豆进行研磨，大豆里的物质就溶解不出来。同时，研磨的粗细程度与产品的质量有直接的关系，磨得较粗，大豆的蛋白质溶出率就低，磨得较细，蛋白质溶出率就增高。

在研磨豆浆的时候，要适时地调整磨盘的间距，一般情况下，磨盘间的距离控制以在机器运转的时候听到轻微的摩擦声为宜，这样磨出来的豆渣是细小的片状，而不是颗粒。

通过长期的实践证明，大豆经过两次研磨可以最大限度地溶出大豆蛋白质和其他物质，一般情况下第一次研磨时可以粗磨，只要起到破碎的作用就可以了，第二次为细磨，研磨时将磨盘间距调整到上述最宜标准。值得注意的是，第一次磨浆时的用水量不能太大，要求添豆、添水要匀。在此过程中，按 1 千克大豆加水 2 千克左右的比例来控制，不然经过两次研磨之后，豆浆的水分含量就会过量，豆浆就会太稀，影响产品的质量。

磨浆前要先在锅里加入 1 千克的水，由于第一次研磨的豆浆浓度比较高，此时大锅已经在加热，加入 1 千克的水起到了稀释的作用，否则就会糊锅。

（4）烧浆。烧浆是促使大豆蛋白质、脂肪和其他有机物加速溶解的过程，加速蛋白质变性，提高蛋白质的凝固性和弹性，让蛋白质具有喜水性，改变蛋白质分子的结构，满足人们消化系统的需要。同时，加热使酶失去活性，杀死对人体有害的细菌，消除大豆的腥味。

锅烧豆浆的关键是掌握火候，火太猛会造成豆浆焦煳，影响口感和质量，太小则达不到目的。

首先，开火的时间要合适。开始磨浆时不能开火，同时为了不让豆浆沉淀在锅底，先要在锅里加少量水，这样豆浆的浓度就会变低。当第一遍磨完以后再点火加温，就不会糊锅了。第二次磨完以后要充分地搅动豆浆一次，快烧开的时候还要搅动一次，这样就可以保证在烧浆的过程中不会有糊锅现象，从而确保豆浆的质量。

豆浆在60℃的时候开始产生大量的泡沫，泡沫会高出锅边许多，这时不要认为豆浆已经达到了沸点，这是豆浆假沸腾的现象。当豆浆的温度升到90℃～95℃的时候，适时放入消泡剂进行消泡，不要一次性搅散所有泡沫，应先把大泡沫搅散，因为这个时候的泡沫还没有完全溢出来，还有细小的泡沫往外溢，如果搅得太干净，在继续加热的时候会产生油皮，影响豆浆的质量和美观。

豆浆烧煮时间也不能太长，一般应该控制在3～5分钟，烧煮的时间太长就会使豆浆的营养成分降低，还会发生其他的化学反应，形成难以分解的物质。

（5）包装。豆浆烧煮到完全沸腾的时候，温度在100℃～107℃，就要迅速撤火。如果过滤网的网眼不是足够小，为了减少豆浆中的杂质，还需进行过滤。可把细纱布搁置在过滤网上。为了不使豆浆表面产生油皮，要迅速地装袋或者装瓶，包装完成的就是豆浆成品了。

2. 豆腐脑加工技艺

豆腐脑是利用大豆为原料制成的高营养食品。豆腐脑除含蛋白质外，还可为人体提供多种维生素和矿物质，尤其是钙、磷等。特别是用石膏作为凝固剂时，不仅制出的成品量多，而且含钙量有所增加，可满足人体对钙的需要，对防治软骨病及牙齿发育不良等有一定的功效。同时，豆腐脑中不含胆固醇，有防止动脉硬化等功效，因此，是男女老幼皆宜的佳美食品。但是，用传统工艺制作豆腐脑，工艺复杂，历时长，口味欠佳。采用以下介绍的新技术，工艺简单，时间短，成品质地细腻，口感润滑。

豆腐脑加工工艺流程：选料→浸泡→磨浆→烧浆→点脑→养脑。

原辅料配比：大豆100千克，卤水5千克。

出品率：100千克大豆可以制得800～850千克的优质豆腐脑。

加工技术要领：

（1）选料。大豆在收割、晾晒、脱粒、装袋、贮藏、运输等过程中，会混杂进草根、树皮、泥块、沙粒、石子及金属屑等杂物。因此，在使用前，必须先把大豆中的杂质及破口豆、霉烂豆、虫蛀豆、杂豆等完全选去，留下颗粒大、皮薄饱满、有光泽的大豆进行浸泡。

豆腐脑

（2）浸泡。生产豆腐脑之前需用一定量的水浸泡大豆，水质的好坏，直接关系到豆腐脑的质量。制作豆腐脑一般以软水为宜，也可以用饮用水，pH 为 5 ~ 6 的弱碱性水适宜生产豆腐脑。

（3）磨浆。磨浆是析出蛋白质的最佳方式。大豆经过研磨，蛋白质和水相溶就得到了豆浆。在磨浆的时候选用 100 目的滤网分离豆渣，这样制成的豆浆就会细腻黏稠，提取率也可以达到最高程度。浆要经过两遍研磨才能被最大限度地提取。在研磨的时候按 1 ：6 的比例加水研磨，研磨结束以后要充分地搅动豆浆，让豆浆的浓度保持一致，豆浆可以直接流入锅里。

（4）烧浆。在烧浆的过程中至少要搅动 3 次，最大限度地减少或者避免糊锅现象的发生，豆浆的温度超过 60℃时会产生大量的泡沫，有时会突然溢出，造成浪费，这时要适时加入消泡剂清除泡沫，豆浆烧开后要继续煮 3 ~ 5 分钟才能使豆浆里的蛋白质达到热变性效果。

烧浆的作用有三个：一是消除豆腥味，二是让蛋白质变性，三是灭菌。烧浆结束以后，在出锅时要对豆浆进行过滤，因为豆浆经过烧煮，残留的豆渣体积有所膨胀，饮用时会觉得不细腻。

（5）点脑。等烧开的豆浆温度降低到 80℃ ~ 85℃的时候开始点脑。豆浆温度太高，蛋白质的网状结构就会不牢固，持水性就差；温度太低，部分蛋白质产生惰性不参与热变性，蛋白质的网状结构松散，还会出现白浆现象。因此点脑时豆浆温度是影响出品率的关键。

把 5 千克浓度为 25° Bé 的盐卤用水稀释到 8° Bé ~ 9° Bé 做凝固剂，

将稀释后的盐卤装入盐卤壶，开始点卤。左手持盐卤壶缓慢地把盐卤倒入缸里，右手持长把木勺插入豆浆三分之一深度，从左到右搅动，让豆浆在缸里翻滚起来，即从缸面向下翻滚到缸底，这样豆浆和盐卤就可以互相融合。这时，可看到蛋白质开始不断地凝聚，颗粒由小到大，浓度越来越高，直至成粥状。如果表面有黄浆水析出，再在上面点一些盐卤，然后把缸盖严实以保温。点卤结束，搅动也应立刻停止。

（6）养脑。养脑是豆腐脑蛋白质继续凝固的过程，为了让蛋白质分子之间的聚合力加强，必须经过一段时间的养护才能达到预期的效果。一般养护的时间应该掌握在 20 分钟左右。这个时候豆腐脑的温度在 60℃ ~ 65℃，通过养脑，豆腐脑充分凝固，有韧性，持水性好。

3. 臭豆腐加工技艺

臭豆腐是以蛋白质含量高的优质大豆为原料，经过泡豆、磨浆、滤浆、点卤、前期发酵、腌制、灌汤、后期发酵等多道工序制成的。臭豆腐“闻着臭”是因为豆腐在发酵腌制和后期发酵的过程中，其所含蛋白质在蛋白酶的作用下分解，所含的含硫氨基酸也充分水解，产生一种叫硫化氢的化合物，这种化合物具有刺鼻的臭味。此外，在蛋白质分解后，即产生氨基酸，而氨基酸又具有鲜美的滋味，故“吃着香”。

臭豆腐加工工艺流程：选料→浸泡→磨浆→点脑→养脑→浇制→划坯→浸卤→成品。

原辅料配比：大豆 100 千克，盐卤 4.5 千克，豆豉 25 千克，香菇 5 千克，冬笋 20 千克，生姜 5 千克，甘草 4 千克，花椒 1 千克，冷开水 80 千克，食盐 1 千克，纯碱 1 千克，青矾 0.5 千克，白酒 1 千克。

臭豆腐

出品率：100 千克大豆可制出 4300 ～ 4500 块臭豆腐坯。

加工技术要领：

之前选料、浸泡、磨浆同豆腐脑加工技术要领，故此处不多描写。

（1）点脑。制作臭豆腐要求点出的豆腐脑更嫩一些。具体办法是：将盐卤用水冲淡后做凝固剂，点入的卤条要细，只像绿豆那么大。点脑时搅动的速度要缓慢，只有这样，才能使大豆蛋白质网状结构交织得比较牢固，使豆腐脑柔软有劲，持水性好，浇制成的臭豆腐坯有肥嫩感。

（2）养脑。开缸面、摊布与普通豆腐相仿。

（3）浇制。臭豆腐坯要求含水量高，但又比普通嫩豆腐牢固，不易破碎。在浇制时要特别注意落水轻快，动作利索。先把豆腐脑舀入铺着包布、厚度为 20 毫米的套圈里。当豆腐脑量超过套圈 10 毫米时，用竹片把豆腐脑抹平，再把包布的四角包紧覆盖在豆腐脑上。按此方法一板接一板地浇制下去。堆到 15 板时，利用豆腐脑自身的重量把水分缓慢地挤压出来。为保持上下受压排水均匀，中途应将 15 层豆腐坯按顺序颠倒过来，继续压制。待压至泄水呈滴水为止。

（4）臭卤制作方法。加入冷水，放入豆豉，烧开后再煮半个小时左右，然后将豆豉汁滤出。待豆豉汁冷却后，加入纯碱、青矾、香菇、冬笋、盐、白酒以及豆腐脑，浸泡约半个月左右（每天搅动一次），发酵后即成卤水。卤水切勿沾油，要注意清洁卫生，防止杂物混入，而且要根据四季不同气温灵活调整，使之时刻处于发酵的状态。连续使用时，隔三个月加入一次主料，做法和分量同上（但不要加青矾和碱），同时要注意经常留老卤水（越久越好）。检验卤水的标准是看其是否发酵，如果不发酵、气味不正常时，就要及时挽救。其办法是用净火砖烧红，放在卤水内，促使其发酵，同时，还要按上述配方适当加一点调料进去，使其发酵后不致变味。每次使用后，卤水内应加入适量的盐，以保持咸淡正常。

（5）制原卤。按配方将鲜料洗净、沥干、切碎、煮透和冷却后放入缸中，如有老卤在缸中更佳。另按比例加入花椒、食盐和冷水（如有笋汁汤则可以直接代替冷水）。如有雪菜则不必煮熟，直接洗净、沥干，用盐腌并切碎后加入。

（6）自然发酵。配料放入缸中后，让其自然发酵。一年后臭卤产生浓郁的香气和鲜味后，方可使用。在自然发酵期内，要将卤料搅拌 2 ~ 3 次，使其发酵均匀。使用后，料渣仍可存放于容器中，作为老卤料，让其继续发酵，这对增加卤水的风味很有好处。如果年时过久，缸中的残渣过多，可捞出一部分，然后按比例加入部分新料。臭卤可以长期反复使用，越臭越值钱，味道越浓郁，泡制的臭豆腐味道也越好。

（7）划坯。把臭豆腐坯的包布揭开后翻在平方板上，然后根据规格要求划坯。每块体积为 5.3 厘米 ×5.3 厘米 ×（1.8 ~ 2.2 厘米）。

（8）浸臭卤的方法。将臭豆腐坯冷透后再浸入臭卤中。坯子要全部浸入臭卤中，达到上下全面吃卤。浸卤的时间为 3 ~ 4 个小时。50 千克臭卤可以浸泡臭豆腐坯 300 块，每浸一次应加一些食盐，以保证臭卤的咸度。连续浸过 2 ~ 3 次后，可加臭卤 2 ~ 3 千克。

（9）保存方法。产品由于浸卤后含有一定的盐分，因此不易酸败馊变，在炎热的夏季，可保存 1 ~ 2 天。但由于含水量高，极为肥嫩，容易碎落，因此无论是运输、销售还是携带，都必须用框格或容器，切忌直接堆放或碰撞，以保持商品外形完整。同时，应注意保存在阴凉通风处。

4. 豆腐皮加工技艺

豆腐皮极富营养价值，不但含有丰富的蛋白质、糖类、脂肪、纤维素，还有钾、钙、铁等人体需要的矿物质。长期食用豆腐皮，能降低人体的血压和胆固醇，增强人体对肝炎和软骨病的防治能力。用豆腐皮做的各种冷、热、荤、素菜，其味道之香，令食者回味无穷。

豆腐皮加工工艺流程：选料→浸泡→磨浆→煮浆→点脑→养脑→浇制→压榨→脱布→成品。

原辅料配比：大豆 100 千克，盐卤 5 千克，水 900 ~ 1000 千克。

出品率：100 千克大豆得豆腐皮 1200 ~ 1300 张。

加工技术要领：

豆腐皮加工技艺多与豆腐脑加工技艺相同，以下只列出特别之处。

（1）点脑。制作豆腐皮的豆浆浓度不宜太高，应该稀一点，加水量一般按大豆的10%来掌握，即1千克大豆加0.1千克水。温度宜控制在60℃～65℃。

将盐卤加水5千克搅动溶化至没有固体为止，即得点脑所用卤水。点脑时要求速度稍快，铜勺翻动速度可以快些，当缸中出现有蚕豆颗粒样的豆腐脑时，可停止点卤和翻动。最后在豆腐脑上洒少量卤水。

豆腐皮

（2）浇制。把豆腐皮箱套放置在豆腐皮底板上，把豆腐皮布摊于箱套内。布要摊得四角平整，不折不皱。浇制时用勺舀起缸内豆腐脑，并搅碎豆腐脑，然后均匀地浇在箱套内的布上，要浇得厚薄均匀、四角整齐。随后把豆腐皮布的四角折起来，盖在豆腐脑上，第一张豆腐皮就浇制完成。如法炮制直到把豆腐脑都做完为止。

（3）压榨。把浇制好的豆腐皮移到榨床上，开始的时候要慢慢加压，10分钟以后加快加压的速度和力度，让水分快速外泄。一般情况下位于榨床上部的豆腐皮泄水比较快，下部比较慢，所以，要把下部的豆腐皮翻到上部继续加重压30分钟。

（4）脱布。先将盖布四角揭开，再将布的两对角拉两下，使豆腐皮与布松开，剥起豆腐皮一角，然后把布翻过来，一手扯住豆腐皮一角，另一手将布从豆腐皮上轻轻地剥下。

5. 腐竹加工技艺

腐竹又叫豆筋、豆腐衣，北方人称为油皮，华南名为腐竹，蛋白质含量极高，营养丰富，是豆制品中的佼佼者。

腐竹按形状通常分为三大类：空心圆支腐竹（分细圆支和粗圆支）、片状腐竹（在安徽和浙江等地叫豆油皮，在粤东叫腐衣；片状腐竹分方形单边腐竹、方形三边腐竹和圆形单边腐竹）、扁竹（又叫三角形腐竹）。

在四川、重庆和贵州等地，有一种圆筒状的腐竹，它是将腐竹皮通过一根木棒卷成圆筒状，然后蒸制而成。云南有一种产品叫豆腐丝，它是将片状的腐竹皮卷成圆筒形，然后切成窄窄的、排列整齐的圆圈，圆圈之间没有完全切断，犹如藕断丝连。虽然腐竹的形状多种多样，但其生产技艺大体是一样的，只是从豆浆面上挑起薄膜的手法、所用的小工具不同，以及后续生产工序有些许差别而已。

腐竹加工工艺流程：选料→去皮→浸泡→磨浆→甩浆→煮浆→滤浆→提取腐竹→烘干→包装。

原辅料配比：大豆 100 千克，盐卤 4.5 千克。

出品率：100 千克大豆可以制得腐竹 280 千克。

加工技术要领：

（1）选料去皮。选择颗粒饱满的大豆为宜，筛去杂质。将选好的大豆用脱皮机粉碎去皮，外皮吹净。去皮是为了保证色泽黄白，提高蛋白利用率和出品率。经过脱皮，泡豆时间短（减少细菌繁殖机会），豆仁吃水均匀一致，泡豆质量好，从而蛋白质提取率高，腐竹出品率高，食用口感好。同时，去皮亦可消除豆皮中的发泡剂和溶性色素，确保成品的色泽和风味。

（2）浸泡。去皮的大豆用清水浸泡，浸泡时间上春夏秋冬各不相同，浸

腐竹

泡用水上需使用冷水并控制比例。水和豆的比例为 1 ∶ 2.5，以手捏大豆涨而发硬、不松软为合适。

（3）磨浆和甩浆。磨浆用石磨或钢磨均可，磨浆和过滤时，要淋水均匀，豆浆浓度适量，否则也会影响腐竹的色泽和品质。从磨浆到过滤，用水为 1 ∶ 1（1 千克豆子，1 千克水），磨成的浆汁用甩干机过滤 3 次，以手捏豆渣松散、无浆水为标准。

（4）煮浆和滤浆。豆浆加热到 100℃ ~ 110℃即可，然后再进行 1 次熟浆过滤，除去杂质，提高质量。

（5）提取腐竹。熟浆过滤后流入腐竹锅内，加热到 60℃ ~ 70℃，10 ~ 15 分钟就可起一层油质薄膜（油皮），利用特制小刀将薄膜从中间轻轻划开，分成两片，分别提取。提取时用手旋转成柱形，挂在竹竿上晾干即成腐竹。

6. 素鸡加工技艺

素鸡广泛分布于中国南部和中部，以素仿荤，口感与味道近似肉食，风味独特。

素鸡加工工艺流程：原料（即豆腐皮）浸泡→制胚→包扎→喂汤→扎布→成品。

原辅料配比：豆腐皮 100 千克，碱 0.3 千克。

出品率：每 100 千克豆腐皮可制素鸡 150 千克。

加工技术要领：

（1）豆腐皮浸碱。把豆腐皮切成大小一样的块待用。在 50℃ ~ 55℃的温水中放入水量 2.5% ~ 3% 的食用碱，搅拌均匀后将豆腐皮放进碱水中浸泡，水量要能完全浸没豆腐皮为宜。紧接着上下翻动，促使碱水能全部均匀地渗入豆腐皮中。浸泡至豆腐皮手感滑软且有韧性即可。配料中的碱如果用量大了，成品就会发黑；碱要充分搅拌融化，否则碱多的地方就会发黑。

（2）制胚包扎。将浸泡成熟的豆腐皮从碱水中捞出，再在水里浸一下，把 4 张豆腐皮压紧卷起来做心，用一张豆腐皮把心包裹起来，就是素鸡的胚子了。用包布把胚子紧紧地包裹起来，两头用力直至拧紧为止，然后把包布的两头掖进包布里。再用蜡线把素鸡按每 20 ~ 30 毫米的间距循环围绕扎紧，要扎结实均匀。

素鸡

（3）喂汤。将扎好的素鸡放进开水里喂 40 分钟即可，同时可以在开水里放入适量的食盐。

（4）扎布。将喂汤成熟后的素鸡从水中捞出，拆开线，剥去包布，即为成品。

7. 素肠加工技艺

素肠形如猪肠，表面光洁，不糊不散，有韧性。

素肠加工工艺流程：原料（即豆腐皮）选择→浸碱→包扎→蒸煮→成品。

素肠

原辅料配比：大豆 100 千克，盐卤 5 千克。

出品率：100 千克大豆可以制得 260 千克素肠。

加工技术要领：

先将大豆制成豆腐皮，其加工要领此处不再描述。

（1）浸碱。将豆腐皮切成长 20 厘米、宽 10 厘米的长方块，在

1%的碱液里浸泡，使每张豆腐皮浸泡均匀。

（2）包扎。用豆腐皮两张，重叠平放在工作台上，把50厘米的铁丝对折，对折处做一个“C”形弯，其他部分紧贴并行夹住豆腐皮，把豆腐皮用铁丝卷至圆条状后，抽出铁丝，外面用布包紧。

（3）蒸煮。把包好的素肠坯子依次放入笼格里，蒸10分钟。此时各层豆腐皮已凝结在一起，取出冷却后，解开包布，即为素肠。

8. 豆腐乳加工技艺

豆腐乳，又因地而异称为“腐乳”“南乳”或“猫乳”。豆腐乳是一种二次加工的豆制食品，是我国著名的发酵豆制品之一，是一种滋味香美、风味独特、营养丰富的食品，主要以大豆为原料，经过浸泡、磨浆、制坯、培菌、腌坯、装坛发酵精制而成。中国许多地区及东南亚都有生产，但各不相同，比如苏州的豆腐乳呈黄白色，口味细腻；北京的豆腐乳呈红色，偏甜；四川的豆腐乳偏辣。

豆腐乳加工工艺流程：豆腐坯制作→前期发酵→后期发酵→装坛→成品。

加工技术要领：

（1）制坯。豆腐乳坯的生产流程为选料→浸泡→磨浆→滤浆→烧浆→点脑→养脑→压榨。

浸泡：浸泡大豆的目的是使大豆能充分吸水膨胀。浸泡时间长短要根据气温高低的具体情况决定，一般冬季气温低于15℃时泡14～24个小时，春秋季气温在15℃～25℃时泡7.5～14个小时，夏季气温高于30℃时仅需5～6个小时。泡豆的感官检查标准是掰开豆粒，两片子叶内侧呈平板状，但泡豆水表面不出现泡沫。泡豆水用量约为所使用的大豆体积的4倍。

磨浆：将浸泡适度的大豆磨成细腻的乳白色的连渣豆浆。在此过程中，大豆的细胞组织被破坏，蛋白质得以充分析出。

滤浆：将磨出的连渣豆浆及时送入滤浆机（或离心机）中，将豆浆与豆渣分离，并反复用温水套淋三次以上。一般100千克大豆约可滤出5° Bé～6° Bé的豆浆1000～1200千克。测定浓度前要将豆浆静置20分

豆腐乳

钟以上，使浆中豆渣沉淀。

烧浆：滤出的豆浆要迅速升温至沸点，如在煮沸时有大量泡沫上涌，可使用消泡油或食用消泡剂消泡。生浆煮沸要注意上下均匀，不得有夹心浆。消泡油不宜用量过大，以能消泡为宜。

点脑：点脑是关系到豆腐乳出品率高低的关键工序之一。点浆时要注意正确控制 4 个环节：第一，点浆温度为 80℃ ±2℃；第二，pH 为 5.5 ~ 6.5；第三，凝结剂浓度（如用盐卤，一般要 12° Bé ~ 15° Bé）；第四，点浆不宜太快，凝结剂要缓缓加入，做到细水长流，通常每桶熟浆点浆时间为 3 ~ 5 分钟，黄浆水应澄清不浑浊。

养脑：豆浆中蛋白质凝固有一定的时间要求，并需保持一定的反应温度，因此养脑时最好加盖保温，并在点浆后静置 5 ~ 10 分钟。点浆得的豆腐脑较嫩时，养脑时间相对应延长。

压榨：豆腐脑上箱动作要快，并根据老嫩程度，均匀操作。上完后徐徐加压，划块最好待坯冷后再划，以免块形收缩，划口当致密细腻，无气孔。

制坯过程要注意工具清洁，防止积垢产酸，造成“逃浆”。出现“逃浆”现象时，可以低浓度的纯碱溶液调节 pH 为 6 左右。再加热按要求重新点浆。如发现豆浆 pH 高于 7 时，可以用酸黄浆中和以调节 pH。

（2）培菌。

菌种准备：将已充分生长的毛霉麸曲用已经消毒的刀子切成 2 厘米 ×2 厘米 ×2 厘米的小块，低温干燥磨细备用。

接种：在腐乳坯移入木框竹底盘的笼格前后，分次均匀加入麸曲菌种，用量约为原料大豆重量的 1% ~ 2%。接种温度不宜过高，一般在 40℃ ~ 45℃（也可培养霉菌液后用喷雾接种），然后将坯均匀侧立于笼格竹块上。

培养：腐乳坯接种后，将笼格移入培菌室，呈立柱状堆叠，保持室温为 25℃左右。约 20 个小时后，菌丝繁殖，笼温升至 30℃ ~ 33℃，要进行翻笼，并上下互换。以后再根据升温情况将笼格翻堆成“品”字形，先后 3 ~ 4 次以调节温度。入室 76 个小时后，菌丝生长丰满，至不黏、不臭、不发红，即可移出（培养时间长短与不同菌种、温度以及其他环境条件有关，应根据实际情况调控）。

（3）装坛。

采用瓷坛并在坛底加一两片洗净晾干的荷叶，将豆腐乳装坛后，再在坛口加盖荷叶，并用水泥或猪血拌熟石膏封口。在常温下贮藏，一般需 3 个月以上，就可以达到豆腐乳的质量品质，青方与白方豆腐乳因含水量较高，只需 1 ~ 2 个月即可成熟。

第三编　知名豆腐菜和名人传说

历史上，我们的祖先创造了许多具有地方特色的豆腐菜品，这些菜品在民间广为流传，经久不衰。而有些豆腐菜的流传是得益于历史人物的喜爱。豆腐菜与名人，他们的故事长久以来广为流传，为人们所津津乐道。

一、知名豆腐菜

1. 东坡豆腐

苏轼（1037 年—1101 年），字子瞻，号东坡居士，是北宋时期著名的文学家、书画家、诗人，又是一位美食家、烹饪大师。苏轼爱吃，自称为馋嘴的“老饕”，曾于《老饕赋》云：“盖聚物之夭美，以养吾之老饕。”

苏轼一生于宦海沉浮，仕履遍及南北，对我国各地的烹调技艺均有研究，在他的大量作品中，留下了许多品评饮食的精辟见解。他还创制了许多名馔佳肴，对中国的烹饪文化有着极大的贡献。

相传，北宋元丰年间，苏轼因写诗讪谤朝政，谪居黄州（今湖北黄冈），由于官职被贬，薪俸不高，生活过得比较简朴，每次待客，常常亲自下厨做菜。因苏轼常爱做豆腐菜肴，并颇有研究，久而久之，人称此肴为“东坡豆腐”。

据南宋林洪所撰《山家清供》记载，东坡豆腐有两种做法：一是将豆腐用葱油煎，然后加入研碎的香榧子、酱料一起煮；另一种是用油煎后加米酒烹煮。

东坡豆腐

东坡豆腐，由苏轼首创后，很快闻名遐迩，其烹制方法广为流传，不久，随着苏轼职务的调动，这一美味亦传到了浙江杭州、广东惠州等地。

据说清代，广东惠州知府伊秉绶回到家乡福建，又把东坡豆腐一菜传到了长汀，并成为长汀家喻户晓的名菜。现今全国各地烹制的东坡豆腐，其色、香、味、形俱佳，均胜往昔。同时，使用的材料也发生了很大变化，有些做法虽然也名为“东坡豆腐，”实际上已经不是素菜了。

东坡豆腐的做法：

主料：北豆腐、小白菜；

辅料：香菇（鲜）、火腿、冬笋、小麦面粉；

调料：猪油（炼制）、大葱、姜、料酒、盐、味精。

制作过程：

（1）把冬笋、火腿分别切片，待用。

（2）把豆腐切成长方块。

（3）撒精盐少许，再粘上一层面粉，放入八成热油中炒。

（4）至呈金黄色，倒进漏锅控油。

（5）炒锅内倒入猪油，加热，放葱姜末、料酒、鲜汤、精盐、豆腐、白菜心、香菇、冬笋、火腿，用小火焖入味。

（6）再转旺火烧干汤汁，出锅装盘。

东坡豆腐的特色：汁浓味醇，造型美观，是传统名菜。

2. 珍珠翡翠白玉汤

相传，明王朝开国皇帝朱元璋少年时期家境特别贫穷，常常是吃了上顿愁下顿，16 岁那年，他又因父母双双死于瘟疫而无家可归，被迫到家乡皇觉寺当了一名小和尚，以混口饭吃。但不久，家乡就闹了灾荒，寺中香火冷落，他只好外出化缘。在这期间，他历尽人间沧桑，常常一整天讨不到一口饭吃。有一次，他一连三日没讨到东西，又饿又累，在街上昏倒了，后来被一位路过的老婆婆救起带回家，将家里仅有的一块豆腐和一小撮菠菜放在一起，浇上一碗剩粥煮熟，喂给朱元璋吃了。朱元璋吃后，精神大振，问老婆婆刚才吃的是什么，那老婆婆苦中求乐，开玩笑说那叫“珍珠翡翠白玉汤”。后来，朱元璋当上了皇帝，尝尽了天下美味佳肴，但有一天他生了病，什么

珍珠翡翠白玉汤

也吃不下，便想起了当年在家乡乞讨时吃的“珍珠翡翠白玉汤”，当即下令御厨做给他吃。那御厨无奈，只得用珍珠、翡翠和白玉混在一起，煮成汤献上，朱元璋尝后，觉得根本不对味，一气之下便把这个御厨杀了，又让人找来一位他家乡的厨师去做。这位厨师很聪明，他暗想：皇上既然对真的珍珠翡翠白玉汤不感兴趣，我不妨来个仿制品碰碰运气。因此，他便以鱼目代珍珠，以红柿子椒切条代翡（翡为红玉），以菠菜代翠（翠为绿玉），以豆腐加馅代白玉，并浇以鱼骨汤。此菜献上之后，朱元璋一吃，感觉味道好极了，与当年老婆婆给他吃的几乎一样，于是下令重赏那位厨师。那厨师得赏钱后，便告病回家了，并且把这道皇帝喜欢的菜传给了父老乡亲。

珍珠翡翠白玉汤的做法：

主料：鲢鱼净鱼肉、豆腐；

辅料：虾仁、胡萝卜；

调料：盐、香油、干淀粉、鸡蛋清、清汤。

制作过程：

（1）将鲢鱼宰杀干净，轻拍取出鱼线后顺着鱼骨用刀将鱼肉和鱼骨分开。

（2）去掉脊骨、主刺，顺纤维纹路刮取鱼肉（接近鱼皮的鱼肉色泽较深，会影响鱼丸色泽洁白的效果，所以不用刮掉）。

（3）用清水冲洗鱼肉，去除血筋和混浊杂质，直至鱼肉呈白色，然后用洁净纱布滤去水。

（4）虾去壳，去虾线，与鱼肉混合后平放在砧板上，用擀面杖敲打。

（5）敲打至鱼肉稍有转白，手感有黏性，全部成泥；鱼泥放入碗中，调入适量盐、淀粉、鸡蛋清搅拌至上劲。

（6）胡萝卜洗净去皮，切成胡萝卜花；油菜择洗干净，取菜心备用；豆腐切块备用。

（7）胡萝卜花入沸水中汆烫后捞出。

（8）洗净的鱼骨改刀后用油煎一下再加水、葱段、姜块，先大火烧开，后小火慢炖至汤浓呈乳白色时加入盐、胡椒粉调味，即成汤料。

（9）汤料滤掉杂质待用。

（10）双手抹少许油，取适量鱼泥搓圆；入沸水锅中氽烫至变色捞出。

（11）砂锅置火上，倒入适量汤料烧至温热。

（12）将鱼丸逐一下入锅中，调入少许盐，改用旺火烧沸；待鱼丸全部浮起，撒入胡萝卜花、油菜、豆腐块，慢煲至豆腐熟即可。

3. 金钩挂玉牌

贵阳有道脍炙人口的名菜——金钩挂玉牌。什么是“金钩挂玉牌”呢？说白了，就是豆芽煮豆腐。关于这道菜，民间早有一段轶闻。在明末清初，有一对潘姓夫妇，家甚贫，皆年近四旬，生一男，起名“福哥”。福哥生性聪敏，七岁时即能诗文，长大后，诗词歌赋、琴棋书画，无一不通。后逢大比之年，入城省试，遂名列前茅。不日主考官召见，先询问福哥双亲操持何业，答曰：“父，肩挑金钩玉牌沿街走；母，在家两袖清风换转乾坤献琼浆。”其意就是说，父亲挑着豆芽豆腐沿街求售；母亲挽起袖头在家推磨豆腐。又问：“府第坐落何地？”福哥回答：“数间茅楼静观世间炎凉态，千柱落脚洞窥群峦暖春来。”其意是说，我住的茅草屋是用若干根小竹片和一些小树枝编织成篱笆撑住，从竹枝的虚疏罅隙中可见到世态的炎凉和山峦间到来的春天。这个不学无术的考官虽不解其意，依然连连点头，时有副主考官坐在旁边，见主考官一副呆相，也就不敢插言。此事一时传遍乡里上下，只要潘老头肩挑豆芽豆腐出门，人们便抢购一空。就在这个时候，人们不约而同地把豆芽豆腐称作“金钩挂玉牌”了。从此各阶层的人们，特别是信佛之人日食此菜者竟十有

金钩挂玉牌

八九，沿袭至今，始终不衰。

金钩挂玉牌，其味清香淡雅，汤色绿里飘白，以金瓣豆芽相衬，十分典雅。若嫌味道不够浓郁且为素食者，可用红辣椒、切成蝇头细丁的烤豆豉粑，再和以葱、姜、蒜、酱油为蘸汁，辣香之味陡增，继之食欲顿开，异香可达户外，使人闻其香而止步，知其味而停车。

金钩挂玉牌的做法：

主料：豆腐、黄豆芽；

调料：酱油、味精、花椒粉、小葱、辣椒粉、香油、盐、菜籽油。

制作过程：

（1）把豆腐切成片备用。

（2）葱切葱花。

（3）辣椒粉盛入小碗。

（4）将黄豆芽洗净，放入砂锅内，用大火煮 5 分钟后，加入豆腐合煮，放少许盐，把豆腐煮透，盛入汤碗备用。

（5）锅中放菜籽油，烧至七成熟，浇在辣椒粉上，烫熟，加入酱油、味精、花椒粉调成味汁。

（6）将味汁按每人一碟分成几份，浇上香油，撒上葱花。

（7）将豆腐、黄豆芽碗与小碟味汁一起出菜。

（8）食用时，用主料蘸味汁吃。

4. 八宝豆腐

八宝豆腐是京杭传统名菜，原是清康熙皇帝喜食的御膳之一。

据说康熙偏爱八宝豆腐，不仅经常食用，而且有时竟把它的烹饪方法作为赏赐以笼络大臣。据清代宋荦所著《西陂类稿》记载：宋荦 72 岁任江苏巡抚时，一年，康熙帝南巡，由于他侍奉勤谨，很得康熙的欢心，便受到御赐八宝豆腐的殊恩。“四月十五日旨传出：朕有自用豆腐一品，与常不同。因巡抚是有年纪的人，可令御厨传授与巡抚厨子。为后半世受用。”宋牧仲受宠若惊，把这豆腐的烹制方法视为至宝，秘不外传。

而八宝豆腐能从御膳房传到民间，则是清代大学士、刑部尚书徐乾学的功劳。徐乾学（1631 年—1694 年），字原一，号健庵，曾奉命主编《大清一统志》《会典》《明史》，其学识、人品深得康熙帝的赞赏，因此，得以成为受赐八宝豆腐的宠臣。据清代袁枚《随园食单》载，徐尚书去御膳房取方子时，还被御膳房的太监敲诈了 1000 两白花花的银子。徐尚书没有宋牧仲那么保守，后来把烹制方子传给了门生王式丹。此后，王式丹传至其孙王孟亭太守，故又称“王太守八宝豆腐”。

八宝豆腐

八宝豆腐的做法：

主料：豆腐一块半，蛋清一个，熟莲子、百合、海参、鸡肉、火腿、冬笋、冬菇、油菜各少量；

配料：葱、姜末、盐、味精、淀粉各少许。

制作过程：

（1）把豆腐搅碎，加上蛋清、淀粉拌匀。

（2）在盘内放少许熟油，把豆腐摊在盘上，加上熟莲子、百合、海参丁、鸡肉丁、火腿丁、冬笋、冬菇丁、味精、葱、姜末、盐，上屉蒸熟取出。

（3）锅内放入半勺鸡汤，汤开后用淀粉勾汁，浇在蒸熟的豆腐上即成。

5. 鱼头豆腐

“肚饥饭碗小，鱼美酒肠宽；问客何所好，豆腐烧鱼头。”这是过去挂在杭州王润兴饭店中的一副对联。这“豆腐烧鱼头”还有一段与清乾隆皇帝有关的趣闻。

有一年，乾隆帝南巡到杭州，穿着便服游吴山，却遇大雨，被困在山腰的一户人家的屋檐下。乾隆又冷又饿，便进屋求主人弄些热汤热饭。这家主人名叫王润兴，是个经营小饭食的摊贩。王润兴见来客被淋得狼狈不堪，十分同情，便将家里仅有的一个鱼头和一块豆腐装入砂锅炖好接济来人。乾隆吃着这顿饭菜，觉得比皇宫的任何珍馐都鲜美，回皇宫后还时常思念杭州的“鱼头豆腐”，但御厨总做不出来。

过了不久，乾隆再次南巡，于杭州停留，念及王润兴的一餐之情，便派人传其来相见。因乾隆仍然没有暴露身份，所以二人的交谈无拘无束。乾隆问及王润兴的生计，王便据实回答：“一年不如一年。”乾隆听后，在赏赐银两之余说：“你很会烧菜，何不自家开个像样的饭铺，烧制你的拿手菜‘鱼头豆腐’？”王润兴为难地说：“这道菜本是粗菜，怕是有钱人不会食用，也挣不了钱。”乾隆听闻觉得有理，略微思考后便提笔写了一幅字，说：“你的名字叫王润兴，饭铺的字号就叫‘王润兴饭铺’吧。你将我写的这幅字张贴在店堂中，保你生意兴隆。”说着便将写好的字幅交与王润兴。王润兴展开一看，不由大惊失色，吓出一身冷汗，原来是“皇儿饭”三个字，落款为“乾隆”。王润兴急忙双膝跪地，口呼：“万岁恕罪，谢主隆恩！”

而后，王润兴便在吴山脚下开了个“王润兴饭铺”，专门经营“鱼头豆腐”，并将乾隆的题词“皇儿饭”精裱高悬在店堂正中。因为他所经营的饭菜物美价廉，又因为当今皇上赐名他的饭菜为“皇儿饭”，所以生意极为兴隆。

王润兴的砂锅鱼头豆腐也越做越精，其他饭铺也争相仿制，做法不断提高，味道越来越鲜美，流传到今，成为南北菜肴中的一道名菜。

鱼头豆腐的做法：

鱼头豆腐

主料：鳙鱼、南豆腐、鱼头；

辅料：冬笋、香菇（鲜）、青蒜；

调料：姜、豆瓣酱、黄酒、酱油、白砂糖、味精、猪油（炼制）、菜籽油。

制作过程：

（1）将鳙鱼宰杀治净，取其鱼头连带一截鱼肉洗净，近头部厚肉处深刻一刀，鳃盖肉上剐一刀，鳃旁的肉上切一刀，放入沸水一烫。

（2）鱼头剖面抹上碾碎的豆瓣酱，上面涂上酱油。

（3）豆腐批成厚约 1 厘米的长方片，入沸水锅汆一下，去掉豆腥味。

（4）冬笋削皮，洗净，切片。

（5）香菇去蒂，洗净，切片。

（6）砂锅置旺火上烤热，滑锅后下熟菜油，至七成热时，将鱼头正面下锅煎黄，沥去油，烹入黄酒，加酱油和白糖略烧，将鱼头翻身，加水，放入豆腐、笋片、香菇、姜末，同烧。

（7）待烧沸后倒入砂锅，置小火上炖 15 分钟，移至中火上再炖 2 分钟左右。

（8）撇去浮沫，加入洗净的青蒜段、味精，淋上熟猪油，连同砂锅一起上桌即成。

6. 麻婆豆腐

麻婆豆腐是川菜中的名品，其特色在于麻、辣、烫、香、酥、嫩、鲜、活八字，称之为“八字箴言”。材料主要有豆腐、牛肉末（也可以用猪肉末）、辣椒和花椒等。麻来自花椒，辣来自辣椒，这道菜突出了川菜“麻辣”的特点。

传说中的麻婆本姓陈，专门以做豆腐为生。清同治年间，成都万福桥是商贾聚集之地，陈老太在此开了一家豆腐店。由于她点浆技巧过人，做出的豆腐又白又嫩，烧制的豆腐菜又别有风味，因此，生意越做越红火。

不料这竟引起她对门一家豆腐店老板娘的嫉妒。一天，一位过客提着两斤刚剁好的牛肉末来陈老太店中落座，对门豆腐店的老板娘仗着自己年轻又有几分姿色，便对这位客人暗送秋波。这位客人受到诱惑，便落下牛肉末径直到对门去了。陈老太见此情景，心中又气又恼。这时又走进来几位客人，他们看到餐桌上的牛肉末，便说要吃牛肉末炒豆腐。陈老太本不想用别人的牛肉末，但客人急需食用，也就把这牛肉末同豆腐一起做菜给客人吃了。没想到这道菜又香又有味，吃的人越来越多，生意异常火爆，客人络绎不绝。

麻婆豆腐

对门豆腐店的老板娘见了，又气又眼红，便在顾客面前说陈老太的坏话，骂她是丑八怪，是麻子。陈老太是个大度的人，面对这一切，她不屑一顾，下气力做自己的生意。后来，她干脆在自家门头上挂起“陈麻婆豆腐”的招牌。而后，随着这个店名声愈来愈大，麻婆豆腐这道佳肴也就名扬四海了。

麻婆豆腐的做法：

主料：猪肉末、豆腐；

辅料：豆瓣酱、蒜、姜、葱、豆豉、生抽、糖、花椒粉、鸡精。

制作过程：

（1）豆腐切块焯水备用。葱、姜、蒜切末。肉切碎。

（2）热锅入油后加入肉末炒香取出，再加豆瓣酱、葱、姜、蒜、豆豉炒香。加入生抽、鸡精、糖调味，放入豆腐后再加入肉末和少量清汤，中火烧制。

（3）待汤汁浓稠时，加少许湿淀粉勾芡，淋明油出锅，撒上花椒粉、香葱末即可。花椒粉一定要用川渝的才够味。豆腐要稍微炖制一下才入味。

7. 文思豆腐

文思豆腐始于清乾隆年间，是由扬州梅花岭右侧天宁寺一位名叫文思的和尚所创制的，原名“九丝豆腐”。文思和尚擅长制作各式豆腐菜肴，当时他取用豆腐干、金针菜、木耳等原料制作了这道豆腐汤菜。由于清鲜异常，前往烧香的佛门居士都喜欢品尝此菜，又因该菜为文思和尚所制，故称为“文思什锦豆腐”。相传，乾隆下江南时，在扬州品尝了文思豆腐后，大为赞赏，不久，文思豆腐便成为清宫名菜。在清代《调鼎集 · 汉席》和《扬州画舫录·满汉全席》中都有“文思豆腐”的记载。

文思豆腐

20 世纪 30 年代的一天，艺术大师刘海粟来品尝文思豆腐，与主厨、川菜耆宿吕正坤大师闲聊：“文思豆腐是文思和尚的杰作，如豆腐能切成丝般细，一语双关，吃来更有滋味。”刘大师的一句戏言，吕大师却当起真来，不仅把豆腐切细如丝，而且还把原来的辅料也升格为荤料荤汤，将经酒浸发的干贝研磨成金色细丝，与草母鸡煨成的汤一起熬成鲜汁来煮豆腐丝。煮好后，装在玻璃烧锅中，但见金丝银丝游弋在清澈的汤汁中，舀来品尝，爽滑柔润，清淡利口。

文思豆腐的做法：

主料：豆腐；

辅料：清鸡汤、笋丝、香菇丝、火腿丝、菜丝、鸡油；

调料：盐、味精。

制作过程：

将豆腐切成豆腐丝，入沸水锅中略焯，去除豆腥气，在砂锅内加清鸡汤，外加清汤，放豆腐丝、笋丝、香菇丝，烧沸后撇去浮沫，加盐、味精、火腿丝和菜丝稍烩，出锅倒入汤碗内，淋上鸡油即成。

特性：色泽白绿相间，豆腐细嫩，汤汁鲜美。

二、豆腐与名人

豆腐由于它的物美价廉、随处可得、易与其他菜肴搭配等优点，自产生起，很快成为上至帝王显贵，下至平民百姓喜爱的食品，与众多名人结下了不解之缘，并且由此产生了许许多多的传说和故事。

1. 关公出世

传说有一年，湖广一带的老百姓，不知为何得罪了老天爷，玉帝传旨四海龙王，三年内不准在湖广上空播一滴雨，哪个不听，天规不饶。

关羽

东海龙王有个儿子是露水龙。他心地善良，见父亲好长时间不去播雨，不免为百姓们担忧起来。这天，露水龙打算到湖广荆州走一趟，看看旱情究竟如何，于是，从东海到长江，不一会儿就游到荆州境内。他出水一看，见岸边有座龙王庙，就变成一位老者来到了庙里。

这庙里有位神机妙算的老和尚，见老者是露水龙所变，忙将他迎进庙里，和他下起棋来。一盘棋还没下完，忽听外面传来阵阵哭声。露水龙问："何人在此哭泣？"老和尚答道："只因久旱，百姓们在此求雨呢！

唉，可惜眼泪哭干，也难动龙王恻隐之心，看来黎民们是枉修了这座龙王庙啊！”露水龙听罢，心中很难受，便推开棋盘，离开了龙王庙。一路上，他只见田干地裂，禾苗焦枯，一片荒凉。

露水龙本想为民降雨，怎奈自己只会降露，而每降一次露，只不过黎明时分降那么一点点，怎能解得了大旱？但露水龙什么也不顾了，便把一年的露水全部集中降了下来。

玉帝得知露水龙违抗圣旨，顿时大怒，立即叫天兵天将把他绑上了天宫，只等午时三刻开刀问斩。

再说龙王庙里的老和尚这天正在庙里念经，突然庙顶上空电闪雷鸣，天像要塌下来一般。到午时三刻，天上竟下起了血雨。老和尚一见，心中暗自吃惊，掐指一算，顿时大叫："不好！露水龙为民降露，今日被玉帝杀害了。"忙吩咐几个小和尚从庙里抬出一口大钟，去接住天上落下的血雨。

过了好一会儿，血雨方止。老和尚将大钟密闭，然后对徒弟们说："不到二十年，谁也不准动它。"

一转眼，二十年就要到了。这天，一个小和尚对师兄师弟说："师父交代我们不要动这佛钟，是何缘故？今天我们趁他不在，定要看个究竟。"说完，他们便走到钟边。当把盖子揭开一看，只见里面长出一个肉球，小和尚们一个个被吓得目瞪口呆。其中一个胆大的小和尚走上前，用梆子敲了一下，只听"啪"的一声，肉球炸裂，钻出个红脸婴儿来。众和尚一见知道闯了大祸，都吓得躲起来。这时，老和尚外出归来，看见佛钟里有一个红脸婴儿，知道是露水龙转世，忙将他用温水冲洗，再用袈裟包好，准备抱进后殿，不料这时突然闯进一位烧香的地方官员，见老和尚抱着一个婴儿，顿时大怒，呵斥道："庙内乃圣洁之地，为何私藏婴儿？"老和尚不愿道破真相，只好念起"阿弥陀佛"。这官员见老和尚不敢回话，料想婴儿必然来得不清白，即命随从将婴儿丢进长江。

婴儿落水后，眼看就要沉下去了。就在这时，江面上突然飞来一群仙鹤，将婴儿托了起来，送到黄河。

原来，二十年前，正当仙鹤快要被渴死的时候，露水龙降下许多露水救了它们的命。而今，仙鹤们见露水龙转世后又遭大难，便前来搭救他。仙鹤们从身上拔下羽毛，做成一只羽毛船，把婴儿放到船上后就飞走了。

婴儿乘羽毛船顺流而下，漂呀漂呀，漂到了一个小村子旁边，突然船被岸边的树枝挂住，动不了了。恰巧这时有个老头到河边淘洗豆子，一见羽毛船上有个婴儿，忙将他抱了回去。

这老头姓关，是个打豆腐的，家里无儿无女，只有老伴一人。老伴见关老头抱回一个红脸婴儿，十分欢喜。老两口一商量，决定把婴儿留下抚养。可是，给婴儿取个什么名字呢？关老头心想，这孩子是坐羽毛船来的，就叫他“关羽”吧。至于关羽为什么是一副红脸，相传是因为他出世时离二十年还差一天，所以脸上还有血，当时老和尚怎么洗也洗不干净，故长大后脸一直是红红的。

2. 诸葛亮算账明理暗自勉

提起诸葛亮，一般人都知道他能掐会算，料事如神，是个大能人，却不知道他也曾被一笔小账难倒过，以至于终生不喝酒，也不吃豆腐。

诸葛亮在隆中隐居时，常常自比管仲、乐毅，自命不凡。有一天，他在抱膝亭里读书，有些累了，便夹着书下山散步，不一会儿，看到一位老汉坐在一棵大树下，面前歇着一副担子。诸葛亮上前一看，担子一头是白净水嫩的豆腐，另一头是醇香诱人的高粱酒。这时，诸葛亮也觉得肚子饿了，便上前躬身施礼道：“老人家。这豆腐和酒可是卖的？”

老汉一边站起来拱手还礼，一边笑道：“正是，正是。既然是诸葛先生想要，那就不用破费了。”

诸葛亮一听，连忙笑着摇头说：“那怎么行，您这小本生意，也够辛苦的了。我岂能白吃？”

老汉见诸葛亮只是摇头，便说：“那就这样吧，我有笔小账，请先生帮我算算。如算出来了，这酒与豆腐就权当谢礼。”

诸葛亮这才含笑点头，请老汉说出那笔小账来。老汉拱拱手，说道：“我想请教先生，一斤豆子能做多少豆腐，一斤高粱能酿多少酒？”诸葛亮一听，忍不住笑了，以为这问题很简单，可是略一思考，却感到有些棘手，再细想，便觉得为难了！为什么？因为诸葛亮长这么大，虽说吃过不少豆腐，喝过很

诸葛亮

多酒，却从来没有磨过豆腐、酿过酒，不知道这笔小账应该如何去算。他迈着方步儿，踱来踱去，搜肠刮肚，用尽心思，还是算不出来，只好走上前，红着脸躬身对老汉说道："惭愧！我实在算不出来。老人家一定知道，晚生倒要向您讨教了！"

老汉捋着胡须，呵呵笑道："其实这笔小账并不难算。用豆子做豆腐，水多豆腐就嫩，一秤就显得重，水少豆腐老，一秤就显得轻，这就叫'豆打豆腐没定数'。高粱酿酒就不同了。高粱放在桶里蒸，桶下有锅，锅上结水汽，水汽变成酒，一斤高粱只能蒸一斤多酒，这就叫'高粱蒸酒有加头'。先生没有干过这事，所以算不出来，这就是'事非经过不知难'。诸葛先生都这样，旁人就更不必说了。"

诸葛亮听后，不禁连连点头，高兴地说："承蒙老人家指教，晚生受益不小。请您受我一拜！"说着就躬身下拜。老汉赶紧拉住他，指着豆腐与高粱酒说道："你虽然没有算出这笔小账，但这一拜，我可当不起。我把这酒与豆腐送与你，就算我给你的见面礼吧！"诸葛亮听了连连摆手，满脸愧色地说："我怎么还敢要您的豆腐和酒呢？为了记住今天的教训，警戒自己的弱点，我打这以后，一辈子也不吃豆腐，不喝酒了！"

从此以后，诸葛亮活到老，学到老，谨慎了一辈子，凡是看见他人吃豆腐、喝酒，就暗暗自勉，告诉自己不可自以为是。

3. 王羲之卖豆腐

东晋时期，有一年冬天，王羲之到京城建康（今江苏南京）去谋求吃饭门路。赶到时已是半夜时分，市面早已关门闭户。王羲之饥饿难耐、投宿无

王羲之

着，正在进退两难之际，见巷子里一户人家房门打开，忙去求助。房主是个中年汉子，他见王羲之举止文雅，像个老实人，便同意王羲之暂住一宿。

那汉子姓李，在这租了三间草房开了个豆腐作坊。年近四十，尚未娶妻，堂上有老母，全靠做豆腐手艺，维持母子生活。由于他手艺高，豆腐做得好，街邻都叫他“豆腐李”。豆腐李做豆腐手艺好，但斗大的字不识一个。他的豆腐账，斤用大豆记，两用小豆数，分别装在两个瓦罐里，但常因为账目不清，遭人欺骗。母子俩一天到晚手脚不闲，也只能赚点豆腐渣充饥。

吃了饭，王羲之正愁无法酬谢豆腐李母子留宿管饭的一片心意，见豆腐李为不识字受人欺骗而叹气，忙掏出文房四宝，说：“你把记账的瓦罐搬出来，报账户户主，说清斤数钱数，我来用笔记。明天就叫你带着账本去讨账。”豆腐李笑着说：“没想到今晚请来一个记账先生。”

王羲之身无分文，又无亲可投，便暂时住在豆腐李家，和豆腐李卖起豆腐来。豆腐李磨豆腐，他推磨；豆腐李卖豆腐，他来记账；闲时，他就教豆腐李学些常用字，自己得空就练书法。每天有吃的豆腐，喝的豆浆，日子过得倒也爽快。

一天，豆腐李到当朝宰相谢安府上收账。管家谢万接过账本一看，不由赞叹“好字”，便扔下豆腐李，进入内宅，把账本呈上说：“相爷，请看这字。”谢安扫了一眼账本，便一把抓了过去，细看起来，看着看着，不由双目生辉，眉开眼笑：“此字废古法而自立，书成乃秦、汉、魏、晋之风尽矣！”忙命谢万传要账人来见。

豆腐李进了相府内宅，谢安看他并非饱学之士，便问：“此账本是何人所写？”豆腐李说：“此账是小人口述，小人家里的一位书生王羲之所写。”

谢安说：“老夫想请王羲之到此一叙。”豆腐李见无怪罪之意，就从谢安手里拿回账本，说：“小人去叫他来就是。”

谢安吩咐管家取纹银一百两，把豆腐账还了。豆腐李推着不要，说："贵府欠账莫过五两银子，多拿生灾，小人不敢领受。"

谢安又问："账本上所有欠账是多少？"豆腐李说："也不过三五十两银子。""那就拿六十两吧。不过，老夫有一事相商。"豆腐李说："他人欠账贵府还钱，没这道理。老爷有话尽管吩咐。"

谢安说："老夫酷爱书法。账本所写之字堪为一绝，老夫还想再出三百两银子，把此账本买下。"豆腐李一听，怕是圈套，便说："这账本俺不卖。"

谢安以为他嫌钱少，命管家再取一百两来。豆腐李心想，这账本顶我做几年的豆腐，一个字也顶我做几十斤豆腐。管它是福是祸，卖了再说。卖罢，让羲之老弟再写。想到这里，豆腐李把账本交给了谢安，接过银子，脚不沾地地走了。

豆腐李回到家，把去谢府收账的经过给王羲之说了一遍，并特意说："相爷还请你去他府里叙话呢！"王羲之听了摇摇头。

王羲之不去相府，谢安打听到王羲之的住处，便化装成百姓到豆腐李家中拜访王羲之。由于豆腐李那天卖豆腐去了，故而王羲之不知谢安身份。两人谈时论政，志趣相投，并挥毫作书，很快便相互视为知己。从此，谢安常到作坊请王羲之为他书写诗文。后来，豆腐李把谢安的身份向王羲之挑明，王羲之觉得谢安可交，便也常到相府做客。

不久，谢安举荐王羲之当了官，为右将军。王羲之以书法发迹后，为豆腐李娶妻安家。李母下世，王羲之又尽心安葬。

4. 杜甫与豆腐川的传说

传说唐天宝年间，安禄山、史思明由范阳起兵，直捣京城长安。唐明皇逃往巴蜀。大诗人杜甫也因战乱携妻带子逃到陕北鄜州，在鄜州西北十分偏僻荒凉的羌村安顿下来。虽然有了安身之地，但杜甫彻夜难眠，思虑着何时才能击败乱军。他感情起伏，诗兴大发，便在山岩绝壁上写下"长天夜散千山月，远水霞收万里云"的绝句。后来，有人把这两句诗镌刻下来，至今仍能看到。

当时唐肃宗在陕北平叛。杜甫得知此消息后，决意投奔肃宗，以平息叛乱、报效国家。他丢下妻儿，只身一人，沿着洛河向北，经石门，过石寨，到了延安府的万花山下的花园头。

这时，日落西山，他准备进村借宿一夜。刚进村，就见一个衣衫破烂、蓬头赤脚的老人，肩挑一副筐担，摇摇晃晃向杜甫走来。

杜甫一见长者，上前施了一礼，问道："大爷，村中可有住处，让我借宿一晚？"

"没有！"老人连眼皮也没抬一下，从牙缝里挤出一句。

杜甫见老者对他存有戒心，便套近乎道："大爷，您是下地挑东西，还是进城卖菜？""我去延安府卖豆腐咧。"

杜甫又问："价可好？""好个屁！那帮反贼，抢了豆腐不给钱，还要砸担子。"

杜甫听说城里有叛军，不由心里一惊。他见老者气呼呼的样子，便和气地问："老人家，您贵姓？""姓张。"

"敢问尊名？""单名飞字。"

"唔，好厉害的名字啊！""厉害个甚。真是张飞卖豆腐。"

"怎么讲？""人硬货软嘛，一担豆腐被糟蹋个精光，唉——"

"那不要紧。今天晚上我再给您赶做两锅，明天我帮您去卖。"杜甫又说。

"你会做豆腐？"老人惊奇地问。

"会。我老祖父做过豆腐，我小时候常见哩！再说我在长安住时，常到胡家庙豆腐巷里看人家做豆腐哩。"

"什么？你是从长安来的？"

"晚辈杜甫，刚从长安城来。"

"豆腐？"老人听岔了音，"那咱们是同行。来，跟我走。只要你不嫌弃，跟我睡一晚上暖和觉，顺便啊，也给我讲讲京城的事。"

夜晚，杜甫磨豆子，张大爷撑包过渣、点浆，忙了一夜。天明时刚好做了两锅豆腐。二人各挑一担，直奔延安府而去。

花园头距延安府三四十里。他们一路小跑，走到川口七里铺时，已是偏午时分。听说城中叛军盘查甚严，张大爷便让杜甫休息一会儿，自己先去打听一下。杜甫有些累了，索性脱下薄靴，高枕于头下，呼噜噜地睡起来。

这时，一个叛军军官走过来，见石岩下睡着一个人，便踢着杜甫说 ：“快起来！你是干什么的，大白天在这里睡觉？”

杜甫猛地醒来，揉揉眼睛，顺口答道 ：“啊——豆腐。”

“你叫什么名字？”“豆腐。”

“在哪里住着，靠什么营生？”杜甫指指对面山沟 ：“住在那里，卖豆腐。”

这时，张大爷正好回来，一把拉过杜甫，比画着说 ：“老子叫你挑豆腐进城去卖。可你倒好，在这儿瞎磨蹭。还不快走，给城里老营送去。人家正等着哩。”

“老营？”军官问。

“哎。”张大爷点了一下头，“就是北城门凤凰山脚驻扎的那老营，人家早等着要豆腐。你看我这憨娃还在这睡大觉哩。”

“我也正好要回老营，咱们是一路。”那军官说。

此话正合杜甫之意，于是，他跟着这叛军军官一路过了南关，向凤凰山走去。

杜甫和张大爷卖了豆腐，从老营出来，天已黄昏。张大爷将两担豆腐卖的两百麻钱递给杜甫，说 ：“拿上这，路上好做盘缠。”

杜甫急忙推辞。张大爷说 ：“别推辞了。快走吧，见了肃宗，就说延安府百姓盼着他能再返长安哩！”

杜甫辞别张大爷，从延安起程，走到边塞芦子关，不料，却被反贼抓住，押回长安，关在狱中。在狱中，他写了《月夜》《塞芦子》《三川观水涨》《玉华宫》《羌村》等诗，记述了此次陕北之行。

延安府百姓为纪念这位诗人的延安之行，就把他走过的川叫作“杜甫川”；又因为他曾走在这条路上卖豆腐，所以又叫“豆腐川”。

宋代范仲淹在当年杜甫枕卧歇息的石岩上，还亲笔写了“杜甫川”三字，后镌于石岩上，至今仍完整可辨。明清知府也相继在此建了“杜公祠”“望杜亭”等。那祠堂门上还有一副对联 ：

上联是 ：清辉近接鄜州月。

下联是 ：壮策长雄芦子关。

横批是 ：唐左拾遗杜公祠。

5. 赵匡胤吃小豆腐

传说宋太祖赵匡胤在尚未发迹的时候，是一个闯江湖的流浪汉。有一年，他流落在山东莱州一带，夜间蜷缩在破庙里，白天便打牌掷骰子，赢了就买东西吃，输了就挨饿。这年正逢大旱，庄稼颗粒不收。人们忍饥挨饿，谁还有闲心去耍钱？赵匡胤没办法，就走街串巷要饭吃。但遇到这个年头儿，很少有人打发他，他有时饿得眼前直冒金星。

有一天，赵匡胤要饭要到了莱州西北沿海的孙家村。他要了好几家都没有人打发，又走进一个孤寡老婆婆家中。这个老婆婆平时吃斋念佛，为人善良。她养的一只白狗从来不叫，这天却吠个不停。老婆婆惊奇地从炕上下来，用拐杖打着狗把赵匡胤让进屋里。老婆婆看到这么条大汉子，饿得有气无力，便大发善心，把自己留作晚饭吃的半盆小豆腐（用大豆浸泡后磨成豆汁再加野菜做成）让给他吃。赵匡胤早就饿坏了，便狼吞虎咽地吃光了，临别时才问明老婆婆姓孙，千恩万谢地辞别而去。

赵匡胤当了皇帝后，每天都是大鱼大肉、山珍海味，吃多了也就腻烦了，觉得吃什么都没滋味。有一天，他忽然想起在莱州孙婆婆家吃的小豆腐非常好吃，就叫厨师做。可无论哪位厨师，都做不出那种味道。这时，有一个大臣向他建议："陛下何不找那个孙婆婆来做？"赵匡胤便差人去找孙婆婆。

赵匡胤把孙婆婆找来，就叫她做当年吃的小豆腐。孙婆婆泡上了黄豆，磨出了豆汁，又差人找来些野菜，按自己的习惯做法做了一锅小豆腐。赵匡胤一吃，觉得又苦又涩，赶紧吐了出来，说："不对，不对，一定是做错了。"孙婆婆说一点不差。赵匡胤问："为什么不如那时候吃着香？"孙婆婆想了想，慢腾腾地说："饥了甜如蜜，饱了蜜不甜啊！"赵匡胤听了恍然大悟，连连点头称是。他给了孙婆婆很多财物，送她回家，并经常派人去看望她。

孙婆婆死后，大将郑恩正在莱州西海岸建造宏伟的东海神庙。赵匡胤遂命修建"孙母祠"，坐落在海神庙院里，以纪念和报答孙婆婆的恩德。

6. 朱元璋与“四菜一汤”

相传朱元璋建立明王朝不久，适逢天下大旱，各地粮食歉收，百姓生活十分艰难。可一些达官贵人仍花天酒地，生活奢靡。出生贫苦、讨过饭的朱元璋对此非常恼火，决心自上而下整治这番挥霍浪费的吃喝风。想整治，却不知从何下手。正在犯愁之际，皇后马娘娘遂出了一个主意。

不久，到了马娘娘的生日，满朝文武皆来贺寿。朱元璋看百官都到齐坐好了，就吩咐宫女们上菜。

令大臣们吃惊的是，首先端上来的是一大盘清炒萝卜。朱元璋说：“萝卜萝卜，胜过药补。民间有句俗话说，‘萝卜进了城，药铺关了门’。来来来，愿众爱卿吃了这萝卜祛病保体健。”说罢，朱元璋带头先吃，大臣们不得不吃。接着，宫女们端上来的第二道菜是炒韭菜。朱元璋说：“小韭菜，四季青，长治久安得民心。”说完，又带头夹韭菜吃，大臣们只好也跟着夹韭菜吃。一会儿，宫女们又端上了两盘青菜。朱元璋指着说：“两盘青菜一样香，两袖清风好卿相。吃朝廷的俸禄，要为国家着想，为百姓办事，应该像这两盘青菜一样清清白白。”

最后，宫女们端来了一大碗葱花豆腐汤。朱元璋又道：“小葱豆腐清又白，公正廉明如日月。寅是寅来卯是卯，吾朝江山牢又牢。”

宴罢，朱元璋郑重宣布：“今后众卿请客，最多只能四菜一汤。皇后寿宴就是榜样，若有违反，严惩不贷！”

据说，自此以后，大吃大喝之风得到了有效遏制。“四菜一汤”也因此成了“廉洁”的代名词。

7. 金圣叹幽默玩到死

金圣叹（1608 年—1661 年），明末清初著名文学评论家，尤以评点《水浒传》等六部古典名著而出名。

金圣叹从小好学有才华，长大后狂傲有奇气。清顺治十八年（1661 年），顺治皇帝驾崩，留下一道整治地方吏治的遗诏颁发全国。这本来是例行的文告，大多数是做做样子，但金圣叹这次想趁清廷整顿吏风之机，把贪赃枉法的吴县知县扳倒。他联合吴县许多文人群起抨击，大揭吴县知县的“烂疤”。谁知这个知县的后台很硬，有江苏巡抚朱国治给他撑着。金圣叹见扳不倒吴县知县，竟然率领这班文人到孔庙里向孔夫子哭诉。这便是清史上比较有名的“哭庙”事件。

可想而知，像金圣叹这样的人在“哭庙”时一定口无遮拦，免不了说些对清政府不满的话，这给存心要“修理”这批文人的朱国治抓住了把柄。他先以“大不敬”罪名逮捕了他们，将他们投入监狱，接着又买通一名盗贼诬陷他们同一个“反叛”案件有关，于是，大狱铸成。

最后，金圣叹和另 18 位“哭庙”参与者都因“反叛”罪被处以死刑。

金圣叹即将被斩决的时候，他的两个儿子前来看他。父子即将永别，金圣叹也禁不住泪流满面。可是当儿子问他有什么遗嘱时，他又玩起了幽默：“儿呀，有件事我得让你们知道，吃五香豆腐干的时候要和花生米同嚼，那个味儿像吃火腿肉，美极了。这是个秘密，你们千万别让别人给学去了！”

两个儿子听了，真是哭笑不得。

这天，正好下着大雪。金圣叹在刑场上还作诗一首：“天悲悼我地亦忧，万里山河戴白头。明日太阳来吊唁，家家户户泪长流。”

行刑时间已到，站在金圣叹背后的刽子手已经高高举起大刀。金圣叹突然狂笑起来：“砍头，最痛了；抄家，最惨了。我金圣叹同时得到了这两‘最’，大奇！大奇！”

刀光一闪，金圣叹的幽默人生结束了。

8. 乾隆火焚红崖寺

陕县马头山顶，原有红崖寺，寺中和尚勾结官府，残害百姓，拦路抢劫，霸占民女，无恶不作。有一村民马宝珠，姑母被红崖寺和尚糟蹋致死。宝珠上访告状，直到北京。乾隆皇帝闻之大怒，当即微服私访。他以拜佛为名，先到红崖寺，寺中恶和尚见他相貌不凡，大起疑心，便将他扣在大铁钟下，欲令其自行饿毙。

乾隆衣上纽扣系夜明珠所制，夜间放光，有一小和尚看见，上前悄声询问。乾隆道："我本是一算卦先生，今来拜佛，不想祸从天降。"小和尚设法将乾隆救出，即请算卦。乾隆道："红崖寺和尚多行不义，伤天害理，均将死无葬身之地。唯有你可见皇上一面，尚有一席之地。你须立即送我下山。"小和尚遂送乾隆下山。分手时，乾隆道："若见寺院火起，你须直往东跑。"

乾隆西走，到石壕街时，饥肠辘辘，遂在张点开的豆腐铺中吃了一碗豆腐，借来纸笔，写下调兵令，叫张点直送陕石兵营。陕石驻兵一见圣旨，不敢怠慢，立时将马头山团团围住。恶和尚据险顽抗，乾隆下令火烧，偌大一个红崖寺，立刻化为灰烬。恶和尚全部被烧死。

小和尚见寺院起火，拼命往东跑，跑出数里，心力交瘁，倒地而死。乾隆命人划出一片地，建塔安葬。

马头山上今有红崖寺遗址，蒲剧有《火烧红崖寺》剧目，其中有一折《张点卖豆腐》尤为脍炙人口，久演不衰。石壕也因乾隆之故，改称"乾壕"，一度曾称"兴隆镇"。

9. 袁枚为豆腐三折腰

袁枚（1716 年—1797 年），字子才，号简斋，晚年自号随园老人，浙江钱塘（今浙江杭州）人，是清乾隆年间的著名诗人、文学家。他才华出众、诗文冠江南，与纪晓岚有"南袁北纪"之合称。

袁枚好吃，也懂得吃，是一位烹饪专家，曾著有《随园食单》一书，是我国饮馔食事中的一部重要著作。他详细记述了我国自 18 世纪中叶上溯到 14 世纪的 326 种菜肴、饭点，大至山珍海味，小至一粥一饭，无所不包。真是味兼南北，美馔俱陈，为我国的饮食史保存了不少宝贵的史料。

袁枚提倡吃豆腐，他说豆腐可以有各种吃法，什么美味都可以加到豆腐里。有一回，他到一位朋友家做客。酒宴桌上，他看到一道用芙蓉花和豆腐烹制的菜肴，制作非同一般，豆腐清白若雪，花色艳如云霞，看了惹人眼馋，闻了令人心动。袁枚夹了一块，细细品味之后，觉得清嫩鲜美，便立即向主人请教做法。

主人打趣地说道："俗话说得好，'一技在身，赛过千金'。这豆腐的做法哪能轻易传人？"袁枚听了信以为真，略一思考，似乎明白了什么，说："你要什么条件？请开个价。"主人见他一副诚恳的样子，就故意开个玩笑道："这是金不换呐！"袁枚见主人执意不肯，心里发急，为难地说："那你说怎么办呢？"主人一本正经地说："陶渊明当年不为五斗米折腰。只要你肯为这豆腐三折腰，我就传授给你。"袁枚是个爽快人，听后立即起身，毕恭毕敬地向主人弯腰三鞠躬。主人见他果真屈尊求教，便告诉他这个菜叫"雪霞羹"，以豆腐似雪、芙蓉如霞而得名。然后，将烧制方法详细地教给了他。袁枚归家后如法炮制。毛俟园吟诗记此事云："珍味群推郇令庖，黎祁尤似易牙调。谁知解组陶元亮，为此曾经一折腰。"袁枚为豆腐折腰，一时传为美谈。后来袁枚在编撰《随园食单》时，特意将"雪霞羹"的制作方法收于书中，使更多的人饱享口福。

10. 慈禧太后与王致和臭豆腐

慈禧太后因食王致和南酱园的臭豆腐，使酱园身价提高百倍。酱园门前的三块立匾均绘龙头，以示"大内上用"。咸丰状元孙家鼐还为其写了两幅门对："致君美味传千里，和我天机养寸心；酱配龙蹯调芍药，园开鸡跙种芙蓉。"四句的头四个字合起来便是"致和酱园"。

王致和臭豆腐为清康熙年间，由安徽仙源举子王致和所创制。其味道异常鲜美，慈禧太后赐雅号"青方"。时至清末，王致和臭豆腐便成了慈禧太后的御用珍品。

当时，御膳房每天要为慈禧准备一碟用炸好的花椒油浇过的臭豆腐，而且必须是当天从王致和南酱园买来的。但有时因为去晚了，或赶上停业盘点买不到新开缸的，太监们只好用剩下的顶替。

慈禧为了测试臭豆腐是否新鲜，在一次进膳时，故意将一粒花椒暗藏在臭豆腐中。第二天进膳时，慈禧拨开碟中臭豆腐，发现那粒花椒仍在，便勃然大怒，严惩了主管太监。自此，太监们只好到王致和南酱园去求方便，以保证不误"上用"。于是，王致和臭豆腐更是名声大振。

11. 孙中山与豆腐菜

我国近代伟大的革命先行者孙中山早年毕业于香港医学院，后来留学国外，从事医学研究，对我国和欧美各国的饮食风尚、烹调技术和食品营养都有一定的研究。

他在所著《建国方略》中提出，中国的许多大众化食品是很有营养的，“如金针、木耳、豆腐、豆芽等品，实素食之良者，而欧美各国并不知其为食品者也”。

孙中山特别推崇豆腐。他说：“西人之提倡素食者，本于科学卫生之知识，以求延年益寿之功夫。然其素食之品无中国之美备，其调味之方无中国之精巧……中国素食者必食豆腐。夫豆腐者，实植物中之肉料也。此物有肉料之功，而无肉料之毒。故中国全国皆素食，已习惯为常。”并说：“夫素食为延年益寿之妙术，已为今日科学家、卫生家、生理学家、医学家所共认矣。而中国人之素食，尤为适宜。惟豆腐一物，当与肉食同视，不宜过于身体所需材料之量。”

孙中山还认为，中国穷乡僻壤之人所以长寿，是与粗茶淡饭佐以菜蔬、豆腐有直接关系。他说：“中国常人所饮者为清茶，所食者为淡饭，而加以菜蔬豆腐。此等之食料，为今日卫生家所考得为最有益于养生者也。”

在生活中，孙中山也特别喜欢吃豆腐菜，他独创的“四物汤”就是由金针菜、黑木耳、豆腐、黄豆芽合成的一个食疗良方，被人誉为“中山四物汤”。

12. 毛主席与豆腐

毛主席的生活非常简单，在饮食上喜欢吃粗粮、杂粮。新中国成立后，毛主席一直吃红糙米，并且常在里面掺上小米、黑豆或红薯等。菜一般是四菜一汤。毛主席在口味上偏爱咸、辣，餐桌上少不了一碟干炕的红辣椒和一碟豆腐卤。毛主席有一个习惯，吃完饭，有时喜欢夹一点豆腐卤放在嘴里吮吮。有一次吃过饭，毛主席又将筷子伸向豆腐卤，可是他没能夹碎那半块豆腐卤，提起筷子时，半块豆腐卤全被带了起来。毛主席稍微一犹豫，把那半块豆腐卤全塞进了嘴巴。陪同吃饭的人员叫了起来："哎呀，多咸呀！"毛主席笑着说："它跟我捣蛋，以为我不敢吃了它！"陪同说："快吐了吧。"毛主席放下筷子，嚼着豆腐卤说："我才不吐呢。我这个人哪，不喜欢走回头路，不愿干后悔事。"

毛主席对豆腐比较偏爱。1956 年，毛主席在北京同音乐工作者谈话时说："中国的豆腐、豆芽菜、皮蛋、北京烤鸭，是有特殊性的。别国比不上，可以国际化。"直至毛主席去世前一年多的时间里，他的主要食物就是鱼头炖豆腐。

毛主席早年在长沙读书时，经常去火宫殿吃臭豆腐。火宫殿始建于清乾隆十二年（1747 年），是一个供奉火神的古色古香的庙宇。每年庙会期间，各地风味小吃汇聚于此，逐渐形成了富有浓郁地方特色的小吃市场。其中的臭豆腐独具风味。把刚炸出的墨黑露紫的臭豆腐，放进油发辣椒、蒜蓉、酱油醋碟里滚一圈，入口轻轻一咬，皮脆肉嫩、味足汁浓。1959 年 6 月，毛主席便回到故乡湖南，在长沙询问当地干部火宫殿是否还卖臭豆腐。当听说还有时，毛主席专程到火宫殿吃臭豆腐，吃得腮香齿辣，连连称赞说："长沙火宫殿的臭豆腐干子，闻起来臭，吃起来是香的。"后来，彭德怀、叶剑英、王震等国家领导人慕名前往火宫殿品尝臭豆腐。

事隔 7 年，1966 年"文化大革命"开始，长沙的一些红卫兵在"破四旧"的狂热中要砸火宫殿。闻知此事，有关方面忧虑万分，突然，有人想起毛主席专程来火宫殿吃臭豆腐的事情，便出了一个主意。第二天，当红卫兵们雄赳赳奔到火宫殿时，突然看到殿前大门上贴了一张大红纸。上面写着："最高指示：长沙火宫殿的臭豆腐干子，闻起来臭，吃起来是香的。"这条语录把红卫兵们惊得目瞪口呆，只好偃旗息鼓，垂头丧气地走开了。

13. 周恩来、邓小平做豆腐

据说"五四运动"以后，有一批中国先进的知识分子去法国留学，因缺少学费，周恩来、邓小平等同志为这个问题犯了愁。一天，他们在商讨如何勤工俭学时，邓小平提出做豆腐，周恩来赞同地说：“好！咱们就试试做吧！”说定之后，就和同学们开起了“中华豆腐坊”。大家轮流摇起豆腐磨，你说一个笑话，他哼一支小曲，非常乐观。周恩来吟起古人豆腐诗：“旋轮磨上流琼液。”邓小平接着和吟下句：“煮月铛中滚雪花。”大家听了拍手叫好，在愉快中忘记了疲劳。

豆腐制出后，推销又是个难题，因为法国人不了解豆腐的吃法和特点。他俩又到餐馆和酒店做起炒豆腐、虎皮豆腐等豆腐菜，一面炒菜，一面向食客介绍它的风味和营养价值。外国人特别讲究营养，经过介绍和品尝，个个啧啧称道，一传十，十传百，传遍了巴黎，到餐馆就餐的人络绎不绝，“中华豆腐”名震巴黎，小小豆腐坊所产豆腐大有供不应求之势。因为供不应求，餐馆想了个办法：限定时间，卖完为止。就这样，周恩来、邓小平等留学生靠做豆腐、卖豆腐，解决了学费问题，同时也为中共旅欧支部提供了活动经费。豆腐这个传统食品在中国革命事业中也立下了汗马功劳。

后来，经周恩来、邓小平等老一辈革命家的介绍，豆腐的派生食品——豆浆、豆腐脑、豆腐干、腐丝、腐皮、冻豆腐、腐乳、臭豆腐等也流传到欧美各名都要会，豆腐由冷门货变为热门货。周恩来、邓小平卖豆腐的故事，至今仍为佳话。

14. 邓小平的平民生活

战争年代，他统领千军万马、叱咤风云；和平时期，他率领亿万人民改革开放、走向富强。然而，正是这样一位传奇式的领袖人物，他的家庭生活、他的饮食起居，却如普通人一样。他就是我国改革开放的总设计师——邓小平。

邓小平在饮食上非常简朴。他的早餐很简单，一般为稀饭、馒头、酱豆腐、自家制的酱瓜、胡萝卜丝等小菜；午饭和晚饭一般是四菜一汤。据值班厨师回忆，邓小平最喜欢的一道菜，就是老百姓居家过日子吃得最多、最常见的麻婆豆腐。他说，做这道菜的主料同普通人家吃的豆腐一样，只是在火候的掌握上要有一定的功夫，还要在配料、配味上有一点讲究。由于邓小平是四川人，对辣比较偏爱，需要多放些辣椒。有时在闲暇的时候，邓小平还亲自下厨做上一盘麻辣的四川风味的豆腐菜。

最令人感动的是每天开饭时分，邓小平一家一定要等齐才在一张大圆桌上吃饭。邓小平一般不在外面吃饭，遇到重要会议，都要给家人打电话："今天不回来啦，别等我！"这个大家庭吃饭时总洋溢着欢乐的气氛。逢年过节或者庆贺生日，邓小平家从来不办酒席，只有来了亲朋好友才加上几个好菜。邓小平家的开支都是根据他们自己的工资收入计划的。

15. 陈毅爱食豆腐菜肴

陈毅认为豆腐是一种群众菜，最普通，也最有营养，是我国人民对饮食的一大贡献。

陈毅特别爱吃豆腐。1954 年，他参加日内瓦会议，跟随的厨师为了让领导人吃上可口的饭菜，出发时，还专门带上了小石磨和盐卤，会议期间，不断变换花样，如豆腐乳、豆腐花、嫩豆腐、老豆腐、霉豆腐等豆腐加工烹制的各种冷热菜肴。陈毅吃后非常满意。

陈毅不仅自己喜欢吃豆腐，还积极地向外宾介绍中国的豆腐菜，让他们品尝中国的特产。果然，各式豆腐菜肴受到东南亚各国外长和西欧一些国家外长的欢迎。会议期间，陈毅先后两次宴请英国外交大臣麦克唐纳，每次都上了豆腐菜，其中有"一品豆腐""莲蓬豆腐"等。麦克唐纳吃后，大加赞赏，称赞豆腐鲜香可口、白嫩似雪。他还对陈毅说："这些菜真是妙极了。荤素结合，色彩漂亮，味道鲜美。这是我有生以来吃过的最好的菜。我以前对豆腐不感兴趣，但这两个菜改变了我的印象。"

16. 瞿秋白与豆腐

瞿秋白是中国共产党早期领导人之一。1899 年 1 月 29 日生于江苏常州，1922 年在莫斯科加入中国共产党。1927 年主持召开中共"八七"紧急会议，结束了陈独秀路线。1934 年在江西根据地任中华苏维埃共和国中央政府执行委员、教育部长。1935 年 2 月于转移途中，在福建长汀水口乡被国民党军队逮捕。

瞿秋白就义前，在长汀狱中写了遗作《多余的话》，前面写了数千字的革命历程，最后一句话竟然是："中国的豆腐也是很好吃的东西，世界第一。"

一个革命人士在就义前没有留下"革命尚未成功，同志还需努力""共产主义理想万岁"之类的豪言壮语，居然写下对豆腐的留恋，令后人对此产生种种的推测。

第一，认为生命不是理念，而是具体的生活。瞿秋白出生在常州一个破产的"士人阶级"家庭。由于家道中落，他从小过着贫困凄苦的生活，家中常以豆腐为菜。虽然 19 岁他便离开家乡，但对家乡的豆腐一直怀着深厚的感情。因此，瞿秋白在生命的最终一站想到的是家乡的食物。

第二，认为瞿秋白对豆腐的赞语，与他在福建长汀狱中常吃长汀豆腐有关系。据说长汀豆腐采用酸浆（酸的豆腐水）为媒介制作，是长汀美食的精华，纯粹用豆腐为原料就可做出八十多道菜肴。还有众多与豆腐有关的名菜，如三角豆腐饺、东坡豆腐、瓤豆腐等，成就了长汀"无宴不豆腐"的美名，令人久食不厌。尤其是居"汀州八干"之首的长汀豆腐干，香、咸、甜、韧，以制作精细、配料讲究、风味独特、味美可口而驰名中外。

第三，瞿秋白的"豆腐"，凝聚着他对生活美好的回忆，是他热爱生活、眷恋生命的一种非常隐蔽的表露。瞿秋白是个文人，长期患病使他性格忧郁，且身在狱中，平素所说所写，不能不有所顾忌，某种心境更不便明表，便用深沉的曲意，借物喻志。"世界第一"，明显表达了他作为一个中国人的自豪。瞿秋白的这句话，不妨读成"我眷恋生命，但我更热爱中华"。瞿秋白以豆腐作为他的绝笔，充分显示了他作为革命家的胸怀，以及文人的风范。

17. 章太炎与臭腐乳

章太炎原名学乘，后易名炳麟，因仰慕明末清初思想家顾炎武（原名绛）、黄宗羲（字太冲）的学识和为人，故自名绛，别号太炎。浙江余杭人，是我国近代著名的民主主义革命家和名扬中外的国学大师。

章太炎博学多识，才华出众，但生活上并不太讲究。每日菜肴多为豆腐、腐乳、花生酱、咸鱼、咸蛋等物。一次，他去杭州拜祭祖坟，也仅仅备四方豆腐，十六只百叶结。据章太炎的弟子回忆，先生最喜欢吃的东西是带有臭气的卤制品。他特别喜好臭腐乳，臭到全屋掩鼻，但是他的鼻子永远闻不到臭气，他所感觉到的只是霉变食物的鲜味。只要是他喜好的食物，如果没有人劝止，可能会一次性全部吃完。

20 世纪 30 年代前后，章先生没有什么固定收入，经济方面非常拮据，唯一的收入是靠卖字，但朋友来请写字，向来不收钱。有一位画家钱化佛，是章府上的常客。一天，他带来一包紫黑色的臭咸蛋。章先生一见非常高兴，他深知钱化佛的来意，就问："你要写什么只管讲。"钱化佛就拿出好多张斗方白纸，每张要写"五族共和"四个字，而且要他用"章太炎"三字落款。章太炎也不问他作何用，一挥而就。隔了几天，钱化佛又带来了一罐极臭的臭腐乳，章太炎同样乐不可支，又对钱化佛说："有纸只管拿出来写。"钱化佛仍然要他写"五族共和"四个字。这回，章太炎一气呵成地写了四十多张。后来，钱化佛又带来不少臭苋菜梗、臭花生、臭冬瓜等物，又换了好多张"五族共和"。原来当时钱化佛的菜馆新到一种"五色旗"酒，这是北京上层中人宴客常见的名酒。这酒倒出来是浑浊的，沉淀了几分钟，就变成红黄蓝白黑五色的。当时，此酒轰动得不得了，钱化佛脑筋一转，想出做一种"五族共和"的屏条，汉字请章太炎写，满文、蒙古文、回文和藏文分别请别人写，裱好后，就挂在菜馆里，以每条十元售出，竟然卖出近百条。钱化佛用一些低价臭食品，竟然挣了一大笔钱。

18. 梁实秋与豆腐干风波

梁实秋是我国著名的作家、翻译家。早年毕业于清华大学，后到美国科罗拉多州立大学求学，1926 年回国任教。

梁实秋出生在浙江余杭。他对家乡的豆腐怀有深深的感情。他曾在《豆腐》这篇散文中写道："豆腐是我们中国食品中的瑰宝。豆腐之法，是否始于淮南王刘安，没有关系，反正我们已吃了这么多年，至今仍然在吃。在海外留学的人，到唐人街杂碎馆打牙祭少不了要吃一盘烧豆腐，方才有家乡风味。有人在海外由于制豆腐而发了财，也有人研究豆腐而得到学位。”文章中，梁实秋细腻地介绍了凉拌豆腐、香椿拌豆腐、黄瓜拌豆腐、松花拌豆腐、鸡刨豆腐、锅塌豆腐、老豆腐、炸豆腐、蚝油豆腐、罗汉豆腐和冻豆腐等自己所喜欢的十几种豆腐菜的吃法，读来令人舌下生津。

1949 年，梁实秋去了台湾，在台湾师范大学任教授。有一年，他去美国西部的西雅图探亲，随身带了一包具有浓郁家乡风味的豆腐干。下飞机后，美国海关人员需对行李进行盘查。海关人员不认识豆腐干，问他这是什么东西。梁实秋回答说：“这是豆腐脱去水分而成的豆腐干。”海关人员不相信，质问说：“这大概是肉做的吧？”那时，美国海关规定，凡是肉制食品，就要被没收，不许入关。最后，机场请来了农业部专员做鉴定。梁实秋向这位专员介绍了豆腐干的原料、营养价值和烹调方法。那位专员摸了摸，闻了闻，皱起眉头想了想，确认是大豆食品后才同意放行。

梁实秋曾经说过：“关于豆腐的事情，可编写一部大书。”可惜他已在 1987 年去世，看来这部大书只好由后人来写了。

19. 周作人对豆腐情有独钟

周作人，浙江绍兴人，鲁迅之弟，中国现代著名散文家、文学理论家、评论家、诗人、翻译家、思想家，中国民俗学开拓人之一，新文化运动的杰出代表。

周作人一生对豆腐偏爱有加，他的著述中有关饮食的文字林林总总，大有可观，但谈得最多的，还是豆腐。

他曾在文章中说：“中国人民所吃的小菜，一半是白菜萝卜，一半是豆腐制品……”又说：“豆腐、油豆腐、豆腐干、豆腐皮、千张豆腐渣，此外还有豆腐浆和豆面包，做起菜来各具风味，并不单调，如用豆腐店的出品做成十碗菜，一定是比沙锅居的全猪席要好得多的。”

在《喝茶》里，周作人有这样一段描写豆腐干的文字，而且把绍兴的豆腐干描写得很到位："吾乡昌安门外有一处地方名三脚桥（实在并无三脚，乃是三出，因以一桥而跨三汊的河上也），其地有豆腐店曰周德和者，制茶干最有名。寻常的豆腐干方约寸半，厚可三分，值钱二文，周德和的价值相同，小而且薄，才及一半，黝黑坚实，如紫檀片。我家距三脚桥有步行两小时的路程，故殊不易得，但能吃到油炸者而已。每天有人挑担设炉，沿街叫卖，其词曰：辣酱辣，麻油炸，红酱搽，辣酱拓，周德和格五番油炸豆腐干。其制法如上所述，以竹丝插其末端，每枚三文。豆腐干大小如周德和，而甚柔软，大约系常品。唯经过这样烹调，虽然不是茶食之一，却也不失为一种好豆食——豆腐的确也是极好的佳妙的食品，可以有种种的变化，唯在西洋不会被领解，正如茶一般。"

在同篇文章里，作者对江南的"干丝"也有着浓厚的兴趣，他说："江南茶馆中有一种'干丝'，用豆腐干切成细丝，加姜丝酱油，重汤炖熟，上浇麻油，出以供客……在南京时常食此品，据云有某寺方丈所制为最，虽也曾尝试，却已忘记，所记得者乃只是下关的江天阁而已。学生们的习惯，平常'干丝'既出，大抵不即食，等到麻油再加，开水重换之后，始行举箸，最为合式……"

对家乡绍兴的臭豆腐、霉豆腐，周作人有着深厚的感情，他在《臭豆腐》一文里回忆说："近日百物昂贵，手捏三四百元出门，买不到什么小菜……这时候只有买臭豆腐最是上算了。这只要百元一块，味道颇好，可以杀饭，却不能多吃，大概半块便可下一顿饭，这不是很经济的么。这一类的食品在我们的乡下出产多，豆腐做的是霉豆腐，分红霉豆腐臭霉豆腐两种，有霉千张，霉苋菜梗，霉菜头，这些乃是家里自制的，外边改称酱豆腐臭豆腐，这也没有什么关系，但本地别有一种臭豆腐，用油炸了吃的……"在回忆幼年时代"简单中有真味"的乡间生活方式时，周作人还说："吾乡穷苦，人民努力日吃三顿饭，唯以腌菜、臭豆腐、螺蛳为菜，故不怕咸与臭。"

在《草木虫鱼之四》一文中，他写到家乡的腌苋菜梗时，说："平民几乎家家皆制，每食必备，与干菜腌菜及螺蛳霉豆腐千张等为日用的副食物，苋菜梗卤中又可浸豆腐干，卤可蒸豆腐，味与'溜豆腐万'相似，稍带橘涩，别有一种山野之趣。"

第四编　豆腐文化

豆腐，走过漫长的时光，不仅成为平常百姓餐桌上的美味佳肴，更形成一种文化，一种带有中华民族传统特色的饮食文化，其内涵极为丰富。

一、豆腐习俗

1. 年节中的豆腐习俗（农历）

苏北地区：正月初一早上吃豆腐和鱼，曰“斗富，年年有鱼”。

江苏扬州：正月初一早上吃剩饭，叫吃“隔年粮”，寓意衣食有余。菜以素为主，离不开青菜、芋头、豆腐等，寓意人丁清吉、万事遇头、清白传家。

浙江尤溪：正月初一凌晨，各家开大门，放鞭炮。有的人家早晨起来先喝生姜红糖茶，称先吃“甜头”。早餐要吃素，不能吃荤。下饭的菜有薯仔、香菇、豆腐等。主食有米饭，最重要的有线面，象征全家人长寿。

浙江海宁：正月十五以前忌食豆腐。因为豆腐色白，家中有丧事时多食之，俗称“吃豆腐饭”。

福建旧俗：正月初一早上一般不煮新饭，吃“隔年饭”讨个“年年有余”的吉利。在顺昌，早餐吃“隔年饭”配素菜，主要是红萝卜（满堂红）、豆腐（满足）、芥菜（长命），此外还有粉干（取须发皆白、长寿之意）。在沙县，早餐无论吃素吃荤，都应吃大蒜（万事顺意）、菠菜（红头见喜）、豆腐（满足）。在漳浦，早餐大多吃以花生油炒的韭菜、菠菜、芹菜、豆腐。韭菜、菠菜不切，称“长年菜”，寓斋戒与长寿之意。平和也有类似的习俗。

福建永定：进入年关之后，一般不干重活，不食酸菜、霉豆腐，不食粥。主要是为了回避晦气，不再“穷酸”“倒霉”，期望来年有个好光景。

闽北顺昌洋口：正月初一吃“金嵌玉印红嘴绿鹦哥”。每年正月初一，闽北顺昌洋口一带农家的桌上都有一碗炸豆腐与煮带红头的绿菠菜。这风俗是怎么来的呢?

据说，乾隆帝第四次下江南，曾乔装成商人来到洋口。他贪看青山绿水，忘了与护卫约定会面的地点和时间。走到山谷中，迷失在阡陌之间。时值中午，肚子叽里咕噜。农家都在煮中午饭，乾隆无奈，只好硬着头皮找人求食，乾隆有口福，不但找到了，而且特别的好吃，他吃的就是“金嵌玉印红嘴绿鹦哥”。

海南地区：正月初一凌晨，无论老少都得起床吃斋饭（即为清净洁白以怀念祖先）。斋饭正如北方人过年必吃鱼（年年有余）一样，吃的东西还需有吉祥寓意，其中必有清炒茄子（茄子，海南话寓意一年比一年好）、清炒水芹菜（“芹”与“勤”谐音，祈望全家在新的一年勤勤劳劳）、长粉丝（寓意过日子细水长流）、黄黄的像金元宝状的豆腐干（寓意招财进宝）。

广西壮族：春节第一餐要吃白斩鸡、酿豆腐、油堆等。

江西贵溪：正月初一，全天荤菜不上桌，食青菜、豆腐、油豆腐、粉丝等素菜。

闽、台正月初九拜天公：当地民间认为农历正月初九是玉皇大帝的生日，即所谓的“玉帝诞”，闽南与台湾俗称“天公生”。是日，道观要举行盛大的祝寿仪式，诵经礼拜。家家户户于此日都要望空叩拜，举行最隆重的祭拜仪式。拜天公的祭典，自初九的凌晨开始，一直到天亮为止。在这一天前夕，全家人必须斋戒沐浴，以庄严敬畏的心情举行祭拜。家家户户都要在正厅前面，放置八仙桌，搭起祭坛，供桌上备神灯、五果（柑、橘、苹果、香蕉、甘蔗）、六斋（金针、木耳、香菇、菜心、豌豆、豆腐），另设清茶三杯等。到了时辰，全家整肃衣冠，按尊卑依次上香，行三拜九叩之礼，然后烧天公金。

广东佛冈下村：正月十三，村民们都会以互相投掷豆腐的形式，掀开元宵节欢乐的序幕。

香港地区：春节期间吃饭多火锅（寓意红红火火）、鱼（年年有余）、龙虾（事业兴旺），还有元宝鸭、狮子头等，但忌讳豆腐。

壮族的团结圆：“过年不吃团结圆，喝酒嚼肉也不甜。”这是流传于广西壮族自治区东兰、巴马、凤山三县一带的壮族农民中的顺口溜。有人把它进一步发挥，说成“不吃团结圆，枉费过个年”。团结圆实际上就是豆腐圆。

山东荣成：《荆楚岁时记》注晋人董勋《问礼俗》说："正月一日为鸡，二日为狗，三日为羊，四日为猪，五日为牛，六日为马，七日为人。"所以正月初二俗称"狗日"，也就是狗的生日。山东荣成人初二早饭吃面条，谓之"钱串"，寓意在新的一年里，财源滚滚而来。吃早饭时，把豆腐、发糕、地瓜、馒头、米饭、饺子用木盘端着，送到狗的面前。一是因为初二是狗的生日，犒劳它一年来看家护院辛苦有功；二是通过请狗来预测年景。木盘送到狗的面前后，任其选食，先吃哪样，就预示着哪样庄稼丰收。

豆腐酿里运数齐：广东省肇庆市怀集县孔洞村流传着一首民谣，概括地反映了孔洞村民间的春节习俗："初一斋，初二鸡，初三芋头，初四豆腐酿里运数齐。""初一斋"是说正月初一那天，人们不吃肉类，只吃冬菇、木耳、莲藕、白菜、粉丝等斋菜。到了初二就破戒了，家家户户杀鸡吃肉，让干涩的嘴巴揩满了油。到了正月初三，就煮芋头吃，取"庇护、福荫"的好意头。这"初一斋，初二鸡，初三芋头"的说法，各地很普遍，唯有"初四豆腐酿里运数齐"大概是孔洞村的"专利"了。"运数齐"是"荤素齐"的谐音。"豆腐酿里运数齐"的制作方法很简单：将配好调料的鱼、猪肉浆镶进白豆腐心里，烹调随各自爱好，煎、蒸均可。每逢这天，各家各户都忙着磨豆腐，制作豆腐酿。

山东潍坊、淄川：正月初七俗称"人日"，也就是人的生日，山东民间习称"人七日"。潍坊等地此日吃各种野菜做的小豆腐；淄川等地传说这一天是老鼠的迎亲日，因此在这一天也有吃小豆腐的习俗，吃时，一边用筷子或细楮棒捣墙旮旯，同时念"楮棒捣墙旮旯，十个老鼠九个瞎，脑子成豆腐渣"。据说吃小豆腐象征吃老鼠脑，这一习俗反映了人们要求清除鼠害的强烈愿望。

河北：二月初一，俗传为太阳生日。是日，各家妇女向太阳焚香化纸并罗列糖、饼及豆腐等供品，其豆腐上粘贴纸剪小鸡，意谓日中金鸡好食豆腐。供完食之，相传能治愈牙疼。

山西大同：二月二日早上喝豆腐脑。"二月二，龙抬头"，山西大同地区有"引钱龙"的习俗。村里人引钱龙，一般是担水引钱龙。据有关文献记载：早刻，户家按是年治水龙数，投钱于茶壶，汲水井中，随走随倾，至家则以余水合钱尽倾于贮水瓮中，名为"引钱龙"。是日，早餐吃豆腐脑或面条，中午吃“河漏”，意思是给钱龙垒窝。这天，男人还要理发，取意为龙抬头。

山东崂山地区：二月二日吃高粱煎饼、小豆腐、炒豆。

河北、天津一带：正月初七，街市有卖小豆腐者。盖以黄豆用水碾细，和以干菜，煮熟卖之，并洒椒盐等末，味极适口，故食者甚众，无足异也。独是购买之人，每云初七与十七、二十七等日，必须食此，方免一年头痛。

广东蕉岭：二月十九日为观音生日，这一天，广东省梅川市蕉岭县新铺镇上南村的大部分妇女用豆腐、斋果、年糕、甜米饭作为供品，敬奉观音菩萨。

山东胶东半岛有寒食节禁火的习俗，仍然沿袭清明吃炒面条和菠菜豆腐做的“青龙白虎汤”这一风俗。

安徽歙县、黄山、旌德一带：清明前后都要采摘嫩艾叶拌肉、笋、豆腐、菠菜等为馅，做粘粉艾叶饺。俗称：“吃了清明饺，种子田里地里插；吃了艾叶饺，一年四季百病消。”

江苏射阳一带：每年清明祭祀祖先的时候，供桌上都要摆上一盘油煮豆腐。

广东番禺：清明早餐时祀祖先，用煎堆、松糕、糖豆及煮熟的荞菜、豆腐干作为祭品，如往拜山，则用煎堆、松糕、蔗、烧肉、熟鸡等做祭品。

广东东莞：清明日，家家的人们，必备些鸡、烧猪肉、油豆腐、卷蒸、白蔗、白饭三盅和纸钱、利市钱、香烛、元宝、冥镪等物到祖先墓地致祭。祭毕回到家，仍用上述物品祀神及祖先。

福建福州：每年清明前后，家家户户都要去扫墓，扫墓的供品主要有豆腐、面点等等。

福建厦门：三月初三敬祖节吃薄饼，也叫“润饼”或“春卷”。馅通常用豆腐干、猪肉、豆芽菜、笋片、红萝卜、白萝卜、韭菜、蒜白等合起来炒煮而成。

江苏无锡：立夏有吃霉豆腐的习俗，据说吃了霉豆腐就不会倒霉。

江苏丹阳：立夏有酿豆腐的习俗。

苏北地区：在六月初六这一天，要吃新鲜豆腐、新鲜肉。

上海松江：七月十四日，松江有喝豆浆的风俗。相传这一风俗习惯，是为了纪念明末的松江抗清义军领袖李待问。

湖北武汉：传说，从七月一日至十五日为鬼的假日，这时，地藏王将鬼门打开，各路亡魂野鬼纷纷返回人间，于是，人间各户纷纷为各自的祖先焚香、烧纸、送冥钱，谓之“烧包袱”。其次是放焰口、盂兰盆会和放河灯。中元节这一天，各家多以麻雀坨（豆油皮里放芝麻白糖，包好后下锅油炸）、云片糕（面粉调浆涂于糕外，油炸）、豆饼（黄豆粉为原料，制成纽扣大小的圆片）为食，此外，还有炸豆腐圆子及炸枯鱼、夹干等等。

广东佛山：七月十五又称七月半、鬼节，中元节，为我国民间追先悼远、普度沉沦的节日，豆腐是不可缺少的供品之一。

广西天峨：八月十五中秋节时，家家备办豆腐、糕点、月饼，杀鸡宰鸭，热闹一番。

山西永济虞乡：冬至是冬天到来的意思，这一天，在古代，皇帝要祭天，百姓要祭祖。山西虞乡则有冬至献豆腐的习俗。据《虞乡县新志》载：各村的塾学在冬至拜祭先师孔子。这一天，学生们都准备好豆腐来拜献，拜献结束后在一起宴饮，俗称“豆腐节”。

江苏常州：冬至前夜吃胡葱笃。笃，常州方言，意思是煮豆腐。当地流传有“若要富，冬至隔夜吃碗胡葱笃豆腐”“若要富，冬至隔夜吃块热豆腐”的谚语。

广西阳朔地区：冬至这天有“冬至大过年”之说，家家户户早吃汤圆，晚吃油豆腐肉圆及鸡、鸭、鱼、肉，大肆庆贺。

安徽黟县、休宁：十二月初八前后，家家户户都要晒制豆腐，民间将这种自然晒制的豆腐称作“腊八豆腐”。

山东崂山：“腊八”过后，家家扫灰，粉饰墙壁，做新衣，买新帽，做馒头，蒸豆包（谐“都饱”音），做豆腐（谐“都福”音），蒸年糕（取意“年年高”），蒸米面发糕（取意“发”家），割肉买鱼（象征“年年有余”）。

2. 婚嫁中的豆腐习俗

河北有的地区传统婚嫁迎亲时要用豆腐：去迎娶新人的轿不能空着，要安排一个小男孩“押轿”，押轿童子需头戴一朵红绒花，手里拎一把壶，壶里放小半壶水，水里放一块豆腐。取“绒花”与“豆腐”的谐音，名为“荣华富贵”。

河北沧州，新娘出嫁的前一天，女家要包四十个素馅饺子：其中专门包几个有豆腐、麸子等特殊馅子的，豆腐馅的称为“富贵白头”，麸子馅的叫作“多子多福”。饺子包好后，摆在一个托盘上，再擀四根宽面条搭在上边，叫“饺子面”。第二天男家迎娶时，女家派两个人抬着含有“富贵白头”“多子多福”的“饺子面”开路，然后花轿才出发。

安徽黄山，结婚时不能少了豆腐。当抬新娘的花轿进了男家大门，男家先在轿前放一个铜盆，盆里放水，水里放一块豆腐，豆腐上插支点燃的红烛。两个“全福人”分别站在轿子两边，拿一束火把在蜡烛上点着，一人一句接替念着吉利话，一边传递着火把。最后将火把插入盆里熄灭，为“传轿”，有“传宗接代、子孙繁茂”的寓意。豆腐在这里也是谐其音，取“幸福”之意。

江苏沿江两岸有新人新婚第三天下厨煎豆腐的习俗，名为“要得富，煎豆腐”。

福建福州地区在新娘入门之后，有个“下灶前”风俗。在新婚的第二日，也有在三五日后，新娘要下厨房做饭做菜，叫“试鼎”。所谓“试鼎”，就是对新娘的煮饭、炒菜、煎汤、炖鱼等烹调技艺来个“考试”。试鼎一般要试煮豆腐，佐以牡蛎、蒜。豆腐汤煮沸后，要调入稀淡的红薯粉，这一步非常关键。入粉太多，会把豆腐汤凝成块状；入粉太少，豆腐汤不能形成羹状。新娘应沉着试鼎，免得慌张，造成咸酸苦辣甜五味失调。豆腐，谐音“都有”，好兆头；牡蛎，俗称“蛎仔”，谐音“弟仔”（小孩）；蒜，俗称“蒜仔”，谐音“孙仔”（孙子），这是喜家的追求和期望。

福建大田：新郎新娘进洞房后，牵新娘老妪要先端灶心土泡水给新娘喝，再端瘦肉煮豆腐给新娘吃，意为“水土会合”。

浙江颊口、洲头、顺溪、马啸等地爱在腊月制作豆腐，故亦名“昌西豆腐干”“腊豆腐干”。逢年过节，家家户户都要烘几锅，亲友来访，也以自家烘制的豆腐干馈赠。在传统的婚嫁或寿庆习俗中，豆腐干更是不可少的礼物。昔日，有亲戚要嫁女，就必须送上一桌（36 块）豆腐干，才见情谊。

苗族姑娘婚期临近，全村同姓的姑娘们要一齐为出嫁的姑娘饯行聚餐，俗称吃“朋友饭”或“同伴饭”，办法是姑娘们每人凑出米、黄豆，做糯米饭、豆腐，并凑钱买肉和盐、酒，烹调后共同聚餐。苗族的姑娘出嫁时，父母须请帮忙者把两只鸡、一块肥肉、一块豆腐用火烧熟，用树叶盛着，每人分一份，作为娶亲和送亲人、新郎、新娘途中的午餐，用手捧着吃。走到男方家门前，送亲的亲兄弟和表兄弟打伞罩着新娘走至家中，男方家也要派两个迎亲姑娘打着伞于门内等候，待新娘一到门槛，罩着新娘送入房内。

豆腐圆是毛南族特有的佳品。主要的做法是：将猪肉、虾米、花生等剁碎做馅，外面包以捣碎的水豆腐，用油煎炸即可。豆腐圆焦脆香嫩，是毛南族人最爱吃的菜食。因此毛南族人有结婚时男方给女方送豆腐圆的习俗。

3. 丧葬中的豆腐习俗

广东潮州：收殓入棺前先举行“喂生”礼。死者儿媳要依次用筷子夹一小块豆腐、几粒米饭喂到死者口里，意思是报答死者生前的养育之恩。

广东雷州：出殡后，孝眷回到家，从大门口水盆里捞出制钱、铜钱，在起灵处吃豆腐，以示全家福。

山东章丘：出殡后，孝眷回到家，在起灵处吃豆腐，以示全家福。

浙江、上海一带办丧事有“吃豆腐饭”的习俗。当葬礼结束后，丧家举办酒席，酬谢前来助丧的亲友，这种酒席一般为素席，并以豆制品为主，俗称“吃豆腐饭”，雅称为“豆宴”。

4. 其他豆腐习俗

吉林延边：犯人出狱都要在监狱门口吃三口豆腐，表示出来之后清白做人。

河北蔚县：坐月子期间，产妇的主要饮食是：未起草铺前，只喝红糖水；起草铺后，每天喝一顿炒米水饭，即将小米上锅炒熟，然后用砂锅熬成稀饭，里面放一点红糖和食油，没有菜；五天以上开始吃两顿炒米水饭，菜是用砂锅做的老腌菜丝烩豆腐。老腌菜丝必须事先用开水煮，再用清水泡，然后才可以用砂锅烩着吃。按照风俗习惯，只有吃老腌菜烩豆腐才有利于产妇身体健康。

浙江宁波北仑：年末用豆腐米食等置于米筛上祭床公床婆，祈求儿童岁岁平安。

浙江嘉兴：养蚕忌禁颇多，在语言上，忌讳说“腐”，所以把豆腐叫作“大素菜”。

广东东莞：婴儿出世后，必用万寿果、鸭蛋、粉丝、油炸豆腐等制作羹汤，先用来祀神及祖先，然后分给邻居及族人吃掉，当地称此举为“煮落地”。

广东潮州：孩子入学，早餐吃豆腐干和纲鱼仔。

广东雷州：乔迁之日，亲友携带豆芽、豆腐、白菜、发面、粘糕等前来祝贺为“温锅”。豆芽表示“生长”，豆腐表示“有福”，白菜表示“发财”，发面表示“发家”，粘糕表示“步步登高”。主人设宴款待。

广西龙胜苗家：忌吃“豆腐酒”，即忌讳在家里和在亲属与异性的面前讲粗话，谁违反了规矩，就会受到众人的不屑和疏远。那无地自容的“豆腐酒”的滋味，真是又苦又涩。

二、关于豆腐的诗词

自古以来，咏叹豆腐的诗歌宛如一道风景优美的长廊，多少文人墨客，借豆腐的特别质地来表达自己的美好节操和高雅品格，达到了物我合一的艺术境界。

汉乐府歌辞 · 淮南王篇

淮南王，自言尊，百尺高楼与天连，
后园凿井银作床，金瓶银绠汲寒浆[①]。

注：①寒浆，即豆浆。

舟次下蔡杂感

宋 · 白甫
正值太平时，村老携童欢。
山下农家舍，豆腐是佐餐。

诗中所言下蔡即今之凤台。不难想象，在当时老百姓每日的餐桌上，豆腐已是不可或缺的美味佳肴了。

蜜酒歌[①] · 又一首答二犹子与王郎见和

宋 · 苏轼
脯青苔，炙青蒲，烂蒸鹅鸭乃瓠壶。
煮豆作乳脂为酥[②]，高烧油烛斟蜜酒。

注：①《蜜酒歌》词篇名，苏轼作为歌行体，“西蜀道士杨世昌，善作蜜酒，绝醇酽。余既得其方，作此歌以遗之。”此为苏东坡《蜜酒歌》第二首开头五句。《蜜酒歌》是咏贫家巧作诸种食品，诗中提到豆腐的制作。

宋代陆游《老学庵笔记》卷七：“嘉兴人喜留客食，然不过蔬豆……书笈行开豆腐羹店……族伯父彦远曰：东坡为作安州老人……所言皆蜜也。豆腐，面筋、牛乳之类，皆渍蜜食之，客多不能不箸，惟东坡性亦酷嗜蜜，能与之共饱。”

②酥：豆腐。苏轼极喜食豆腐，他在湖北黄州为官时，经常亲自做豆腐，并精心烹制，用味醇色美的豆腐菜招待亲朋好友。友人食了赞不绝口，亲切地称之为“东坡豆腐”，一直流传至今。

邻曲[1]

宋・陆游

浊酒聚邻曲，偶来非宿期。

拭盘堆连展，洗釜煮黎祁。

乌柠将新犊，青桑长嫩枝。

丰年多乐事，相劝且伸眉。

注：①邻曲：见陆游《剑南诗稿》，诗中展现的是一派农家乐景象。豆腐作为美味佳肴招待亲朋好友，更增添了丰年的乐事。

②黎祁：豆腐。

次刘秀野蔬食十三诗韵・豆腐

宋・朱熹

种豆豆苗稀[1]，力竭心已腐。

早知淮王术，安坐获泉布[1]。

注：①此句化用陶渊明《归园田居》“种豆南山下，草盛豆苗稀”二句。

②泉布：即金钱。

诗的头两句形象地说农家种豆的辛苦，后两句反衬豆腐的经济价值。可见南宋时市井就有以卖豆腐“获泉布”的专门作坊了。

咏豆腐

元 · 悄大雅

戎菽来南山，清漪浣浮埃。
转身一旋磨，流膏即入盆。
大釜气浮浮，小眼汤洄洄。
霍霍磨昆吾，白玉大片裁。
烹煎适我口，不畏老齿摧。

本诗生动流畅地叙述了古代制作豆腐的情景和过程。

豆腐诗

元 · 张劭

漉珠磨雪湿霏霏，炼作琼浆起素衣[1]。
出匣宁愁方璧碎，忧虀常见白云飞。
蔬盘惯杂同羊酪，象箸难挑比髓肥。
却笑北平思食乳[2]，霜刀不切粉酥归。

注：①素衣：指白布。

②北平：指西汉文帝时丞相北平侯张苍。张苍年迈无齿，特地养了许多奶妈，给他挤奶喝。

把豆腐比作“方璧”“羊酪”，形象地写出了豆腐的优美质地和制作豆腐的全过程。豆腐在西汉时已是老幼皆宜、贫富不拘的美食，并已在民间广为食用。

赋豆腐

宋 · 朱晞颜

秋风入荒落，疏篱构霜蔓。枯萁委蝉蜕，老荚剥羊眼。离离珠走盘，圆净真可贯。谁将蚁旋手，倒注入空窾。殷殷雷转岩，啧啧鱼吐泫。居然盆盎中，零乱舞鹅观。伟哉就鼎功，囊封有奇粲。余习尚儒酸，点染形质幻。俄惊赵璧全，却讶白石烂。全胜塞上酥，轻比东坡糁。固知滋味长，尤喜齿牙暖。那资糠秕余，杂糅出肤浅。终惭菉葛纤，生被脂粉浣。餐王定有方，咄嗟良可办。

豆腐

元·郑允端

种豆南山下，霜风老荚鲜[①]。
磨砻[②]流玉乳，蒸煮结清泉。
色比土酥[②]净，香逾石髓坚。
味之有余美，五食[⑤]勿与传。

注：①荚鲜：指未成熟的豆角。

②磨砻：指磨碎豆谷的器具石磨。

③土酥：萝卜的古称。

④石髓：又名玉髓，矿物名，半透明有光泽。李时珍说："即钟乳（石）也。"

⑤五食：五鼎食。《史记·平津侯主父列传》："且丈夫生不五鼎食，死即五鼎烹耳。"

咏豆腐诗

明·苏平

传得淮南术最佳，皮肤退尽见精华。
旋转磨上流琼液，煮月铛中滚雪花。
瓦罐浸来蟾[①]有影，金刀剖破玉无瑕。
个中滋味谁得知，多在僧家与道家。

注：①蟾：即月亮。

咏菽乳

明·孙作

淮南信士佳，思仙筑高台。人老变童彦，鸿宝枕中开。

异方营齐味，数度见奇瑰。作羹传世人，令我忆蓬莱。
茹荤厌葱韭，此物乃成才。戌菽来南山，清漪浣浮埃。
转身一旋磨，流膏入盆徊。大釜气浮浮，小眼汤洄洄。
倾待晴浪翻，坐见雪华皑。青盐化液卤，隆蜡窜烟煤。
霍霍磨昆吾[①]，白玉大片裁。烹煎适吾口，不畏老齿摧。
蒸豚[②]亦何为，人乳圣所哀。万钱[③]同一饱，斯言匪俳诙。

注：①昆吾：古代名刀。《海内十洲记》中“周穆王时，西胡献昆吾割玉刀”，据说此刀长一尺，切玉如切泥，锋利无比。

②蒸豚：是说晋朝富豪王济，以人乳蒸猪肉，引起晋武帝司马炎的不满。

③万钱：指西晋何曾“日食万钱，犹日无下箸处”的典故。诗人在诗中高度赞美豆腐的色、香、味、形等特点，并借豆腐来抒发自己的感慨。

豆腐诗二首[①]

清 · 高士奇

一

藿食[②]终年竟自饮，朝来净饴况清严。
稀中未藉先砻玉[③]，雪乳[④]初融更点盐。
味异鸡豚偏不俗，气含蔬笋亦何嫌。
素餐[⑤]似我真堪笑，此物惟应久属厌。

二

采菽中原未厌贫[⑥]，好将要求补齐民[⑦]。
雅宜蔬水称同调，叵与羔豚厕下陈[⑧]。
软骨尔偏谐世味，清虚我欲谢时珍[⑨]。
不愁饱食令人重，何肉终渐累此身。

注：①见《天禄识余》。

②藿食：指食物粗贱。

③稀中未藉：意谓未盛在布上；砻玉：磨豆。

④雪乳：豆浆。
⑤素餐：无功食禄。
⑥菽：豆；中原：田野之中。
⑦齐民：指《齐民要术》一书。
⑧厕：混杂；下陈：堆放礼品的地方。
⑨时珍：人们特别看重的物品。

豆腐诗

清・李调元

诸儒底事口悬河，总为夸张豆[1]蜡磨。
冯异芫萎嗤卒办，石崇齑韭笑调和。
桐[2]来盐卤醍醐腻，滤出丝罗浊液多。
宝贵何时须作乐，南出试问落箕么。

注：①豆：碾碎了的豆子。
②桐：用力拌动。

豆腐制品四咏之一

清・胡济苍

信知磨砺出精神，宵旰[1]勤劳泄我真。
最是清廉方正客，一生知己属贫人。

注：①宵旰：宵衣旰食（旰即晚），勤劳操作。

咏麻婆豆腐[1]

清・冯家吉

麻婆陈氏尚传名，豆腐烘来味最精。
万福桥[2]边帘影动，合沽春酒醉先生。

注：①见《锦城竹枝词》。
②万福桥：在四川成都。

桐城好[1]

清 · 姚兴泉

桐城好，豆腐十分娇。

打盏酱油姜汁拌，秤斤虾米火锅熬，人各两三瓢。

注：①见姚兴泉《龙眠杂忆》。

安徽桐城是文化名城，明清两代，达官贵人从外地带回名菜烹调之术，以嫩豆腐佐以虾米，以姜酱调拌，便成一道著名美食。客游在外的姚兴泉（人称“落花先生”）无法忘怀，思念之余故作此词。

豆腐[1]

清 · 毛俟园

珍味群推郇令庖[2]，黎祁尤似易牙[3]调。

谁知解组陶元亮[4]，为此曾经一折腰[5]。

注：①见徐珂《清稗类钞》。

②郇令庖：指的是郇公之厨，唐代韦陟封郇国公，厨中食物精美。

③易牙：春秋时代齐桓公臣子，以善调百味而著名。

④陶元亮：陶渊明。解组：辞官。

⑤郇公厨中的美食，易牙调制的百味美品，都不及豆腐美，就连不愿为五斗米而折腰的大诗人陶渊明也愿在南山下种豆，为的是制作豆腐吃。

豆腐诗[1]

清 · 杨燮

北人馆异南人馆，黄酒坊殊老酒坊。

仿绍不真真绍有[2]，芙蓉豆腐是名汤。

注：①见《锦城竹枝词》。

②绍：指绍兴酒。

豆腐诗

清·查慎行

茅店门前映绿杨，一标多插酒旗旁。
行厨亦可咄嗟办，下箸唯闻盐豉[1]香。
华尾金盘真俗物，腊槽红曲有新方。
须知澹泊生涯在，水乳[2]交融味最长。

注：①盐豉：酱豆。

②水乳：豆腐。

查慎行这首诗写得很精彩，特别是最后两句，借豆腐的特别质地来表达诗人美好的节操和高雅的品格，达到了物我合一的艺术境界。

臭豆腐诗

清·王致和

明言臭豆腐，名实正相当。自古不钓誉，于今无伪装。
扑鼻生奇臭，入口发异香。素醇饶无味，黑臭蕴芬纺。
珍馐富人趣，野味穷者光。既能饮饕餮，更能佐酒浆。
餐馐若有你，宴饮亦无双。省钱得实惠，赏心乐未央。

咏豆腐[1]

清·林苏门

莫将菽乳[2]等闲[3]尝，一片冰心[4]六月凉。
不曰坚乎惟曰白[5]，胜他什锦佐羹汤[6]。

注：①此诗见林苏门所著《邗江三百吟》，记录了扬州数十种菜肴和食风食俗。

②菽乳：明末清初人孙作惜豆腐名不雅，改其名为菽乳。

③等闲：轻易、随便。

④冰心：像冰一样晶莹明亮的心。比喻心地纯洁、表里如一。

⑤不曰坚乎惟曰白：战国公孙龙有“坚白石”的著名命题，

“坚”与“白”为石的两种属性，这里说不谈豆腐的坚，只谈豆腐的白。

⑥什锦佐羹汤：多种原料制成的汤。

诗里说不要把豆腐随便品尝，炎炎夏日，胃火郁郁，此时吃些豆腐，犹如冰心一片，能带给人以无限的清凉。虽然豆腐质地嫩软，但是我只谈它的白，色白令人镇静，豆腐胜过多种珍贵原料制成的什锦汤。

咏豆腐

清 · 阮元

龙泉[1]三勺作琼浆[2]，烟火禅参几炷香；
九阙殄云成佛道，一方如玉好文章；
燃萁僧[3]说相煎急，啖[4]豆生涯意味长；
养性贪馋仍有悟，待人如是世留芳。

注：①龙泉：喷泉。

②琼浆：喻豆浆。

③疑有误，待考。

④啖：吃。

诗人以佛家语言作喻，叙述豆腐的制作过程，并歌颂豆腐淡泊寡欲的高尚品质。

“龙泉三勺作琼浆”写磨浆，“烟火禅参几炷香”写煮浆，“九阙殄云成佛道，一方如玉好文章”写点浆、压制成豆腐。“燃萁僧说相煎急，啖豆生涯意味长”引用曹植“七步诗”与嵇康《养生论》两个与豆有关的典故。最后两句“养性贪馋仍有悟，待人如是世留芳”，告诫那些孜孜追求名利的人们要醒悟了，只有淡泊明志、宁静致远，才能流芳百世。

新年次东坡韵[1]（五首之三）

清 · 周景涛

兹乡滨海尽[2]，眼界若为清[3]。

禾黍高登廪[4]，鸡豚富[5]入城。
欲消[6]无事日，祇益可怜生[7]。
牡蛎梅花市[8]，吾思豆腐羹。

注：①次韵：旧时古体诗词写作的一种方式。按照原诗的韵和用韵的次序来和诗；东坡：宋代大文学家苏轼，自号东坡居士，以“东坡”为其别称；新年次东坡韵：按照苏轼原诗的韵和用韵的次序来和诗。

②兹乡：这个地方；滨海：靠近海边；尽：尽头。

③眼界：目力所及的范围；清：洁净、清新。

④禾黍：禾与黍。泛指黍稷稻麦等粮食作物；登：谷物成熟；廪：米仓。

⑤富：充裕，充足。

⑥消：把时间度过去、消闲。

⑦祇益：只增加；可怜：可惜。

⑧梅花市：如皋花木盆景的栽培始于宋代，兴于明清。数百年来的技艺传承，形成了风格独具的“如派”盆景，在中国盆景七大流派中独树一帜。市：街市。

此诗当为诗人任如皋知县时所作。一、二句写如皋地处海边，海阔天空、环境清新；三、四句写如皋的富足，粮食堆满了仓库，城里出售着充裕的家禽、家畜；五、六句描写自己的心情，虽然百姓富足，太平无事，但是也流露出对时光的空度感到可惜；后两句抒发自己的感受：尽管集市上摆列着众多的鲜美海味，我只喜欢吃豆腐羹过自己的平淡的生活。

丙寅[1]天津竹枝词[2]

近代·冯问田

豆腐方方似截肪[3]，香干名数孟家扬[4]；
汁能滋养胜牛乳，无怪街头多卖浆[5]。

注释：①丙寅：1926 年。

②竹枝词：乐府近代曲名，又名“竹枝”。原为四川东部一带民歌，唐代诗人刘禹锡根据民歌创作新词，多写男女爱情和三峡的风情，流传甚广。后代诗人多以“竹枝词”为题写爱情和乡土风俗，其形式为七言绝句。

③截肪：切开的脂肪，喻豆腐颜色和质地白润。

④孟家香干：天津“孟家酱园”生产的五香茶干，俗称“孟字香干”，又黑又亮，口感细腻，又有咬劲，没有杂质，而且香味纯正，炒、拌均宜，号称“天下第一”。

⑤浆：豆浆。

第一句描写了豆腐，打成方形的豆腐白润得像一块块被切开的脂肪，第二句讴歌了天津“孟家酱园”生产的孟字香干盛名远扬；后两句赞颂豆浆营养价值高，胜过牛奶，正因为如此，所以街头有很多卖豆浆的饮食摊。诗人以平实无华的语言反映了天津人喜爱食用豆类制品的风土人情。

豆腐

当代·汪曾祺

淮南治丹砂，偶然成豆腐。
馨香异兰麝，色白如牛乳。
迩来二千年，流传遍州府。
南北滋味别，老嫩随点卤。
肥鲜宜鱼肉，亦可和菜煮。
陈婆重麻辣，蜂窝沸砂盐。
食之好颜色，长幼融脏腑。
遂令千万民，丰年腹可鼓。
多谢种豆人，汗滴萁下土。

这首豆腐诗堪与古来的任何一首豆腐诗比美，十八句五言，就把豆腐的源流、豆腐的特质、豆腐的功用，凝练而生动地描写出来了，尤其是结尾两句，更表达了诗人对劳动的尊重，对劳动人民的尊重。

三、豆腐俚语、俗语

豆腐多了一包水，空话多了无人信。
豆腐里挑不出骨头来。
买豆腐掏出了肉价钱。
冷水里做不出热豆腐来。
性急吃不了热豆腐。
刀子嘴，豆腐心。
一物降一物，石膏点豆腐。
豆腐无油难脱锅，灯盏无油枉费心。
豆腐莫烧老了，大话莫说早了。
豆腐心肠，越煎越硬；铁打心肠，见火就烊。
想吃热豆腐，又怕烫了嘴。
人家夸，一朵花；自己夸，豆腐渣。
没吃三两煎豆腐，称什么老斋公。
阎王是鬼变的，豆腐是水变的。
肉生火，鱼生寒，青菜豆腐保平安。
鱼生火，肉多痰，青菜豆腐要常餐。
要想人长寿，多吃豆腐少吃肉。
多吃素，少吃荤，豆腐芋头能养身。
常吃豆腐身体好，养身袪病是个宝。
青菜豆腐最营养，山珍海味坏肚肠。
吃肉不如吃豆腐，又省钱来又滋补。

有福没有福，黍粥小豆腐。

三餐吃豆腐，长得像白大姑。

辣椒当盐，“合渣”过年。

冬麻糊，热豆花。

若想富，冬至吃块热豆腐。

贵人吃鱼肉，穷人吃豆腐。

世上三样苦，打铁、撑船、磨豆腐。

世上三行苦，蒸酒、熬糖、打豆腐。

世上三大苦，上山砍柴、下水逮鱼、磨坊磨豆腐。

若要富，蒸酒磨豆腐；若要穷，掂鸟笼。

豆腐本是穷人的肉，一年到头吃不够。

豆腐不杀馋，要吃热和咸。

豆腐经过厨子手，又鲜又嫩吃不够。

千滚豆腐万滚鱼。

蒸鲶煮鲫炸麻鲇，不及泥鳅拱豆腐。

好看莫过素打扮，好吃莫过豆花饭。

温江的酱油，保宁的醋，郫县的豆瓣酱，忠县的豆腐乳。

枞阳的豆腐，桐城的鲊，忠县的腐乳，巴河的藕。

黄州豆腐巴河藕，樊口鳊鱼鄂城酒。

陈酒腊鸭添，新酒豆腐干。

不吃剑门豆腐，枉游天下雄关。

四、豆腐谜语

1. 土里生，水里捞，石头中间走一遭。变得雪白没骨头，人人爱吃营养高。

2. 白又方，嫩又香。能做菜，能煮汤。豆子是它爹和娘，它和爹娘不一样。

3. 四四方方一块田，零零碎碎卖铜钱。

4. 一块四方白玉板，立不得，坐不得。

5. 南方过来白大姐，放在案上拿刀切，又没骨头又没血。

6. 泥里生出来，磨里转出来，盖过四方印，挑到街上卖。

7. 土里长出来，磨里钻出来，布里面脱胎，挑到街上卖。

8. 土里下种，水里开花，袋里团圆，案上分家。

9. 清水里得病，石头上送命，锅子里开花，木头上分家。

10. 水里气得一身病，石头缝里去伤命，布政司里去审清。

11. 生在高州，流落石州，盐运司打死，布政司出头。

12. 土里生就，小名豆豆，清水里泡泡，石缝里走走，点点卤，白净净，从此没骨头。

13. 一粒珍珠土里埋，青枝绿叶长起来，石头眼里要钻过，水里翻身打银牌。

14. 石头缝里撒葫芦，秧子拖到缸州府。布政司内走一趟，篾州府内结葫芦。

15. 一物生得白粉团，忽然得病受风寒。面带忧愁身乏懒，浑身好像乱箭穿。

16. 水里生，水里长，簸箕大，没四两。
17. 金镶白玉嵌，红嘴绿鹦哥。
18. 哥哥站河边，手拿一竹鞭。进去整个月，出来月半边。
19. 上头四只角，下头四只角，肚子里头六十四角。
20. 相思泪。

［谜底］

1 ~ 14. 豆腐；15. 冻豆腐；16. 豆腐皮；17. 菠菜豆腐；18. 撩豆腐皮；19. 豆腐箱；20. 豆浆

五、豆腐对联

豆腐对联自明代以来常见记载，有的是摘取咏豆腐诗词中的对句，有的是专门撰写的豆腐对联，常见于豆腐店与饭店门旁，能鲜明地反映出豆腐行业与豆腐菜肴的特点，很大程度上起着广告宣传作用，具有一定的艺术性。

从内容上看，豆腐对联可以分为以下几种。

（1）介绍豆腐的起源、别名。如“制始刘安、得成素食，文稽虞集、别号来其”；“小店生涯唯在此，故乡风味说来其”。

（2）反映豆腐职业的特点。如“磨砻消岁月，清淡作生涯”；“肩挑日月，手转乾坤”；“黄豆里澄金金屯似豆屯，白水中求财财源如水源”。

（3）表现豆腐的制作过程。如“石磨飞转涌起滔滔玉液，铁锅沸腾凝成闪闪银砖”；“千转磨万滴浆磨浆赶制鲜豆腐，全身热满头汗热汗擦干玉玲珑”；“箱里白玉生，缸中琥珀流”；“玉屑凝成精制品，银浆结成豆腐花”；“梁甫银泥渣滓尽去，华山玉屑水乳交融”；“银磨金粒流玉乳，霞汤云羹供佳肴”；“黄豆磨浆几大桶，已无黄豆；石膏分化两圆锅，哪有石膏”。

（4）夸耀豆腐的营养价值。如“何须蛋里寻营养，只此盘中有文章”；“味超玉液琼浆外，巧在燃萁煮豆中”；“滋阴败火天下一流佳品，补虚泻实世上头号珍馐”；“腥汤里犹可争天下，素菜中当然称霸王”；“君子淡交禅参玉版，民间真味品重香厨”。

（5）介绍豆腐的品种花样。如“水豆腐油豆腐豆腐脑天天供应，香干子臭干子干子丝样样俱全”；“老豆腐非老实嫩，臭豆腐虽臭绝香”；“老豆腐嫩豆腐皆为豆腐，男客人女客人都是客人”；“豆腐拌小葱一清二白色鲜味美，豆浆泡麻叶亦白亦黄喝甜食香”。

（6）揭示一定的哲理。如“每饭不忘必思下箸，相煎太急亦戒燃萁”；“清白持身温柔处世，便宜论价滋养惠人”。

在表现手法上，豆腐对联文字使用比较精妙。如以“白玉”“银块”喻豆腐，以“银浆”“玉液”“琼浆”喻豆浆，形象贴切。

同时，这些对联比较讲究格律。如前文“石磨联”以“石磨飞转”对“铁锅沸腾”，“涌起”对“凝成”，“滔滔”对“闪闪”，“玉液”对“银砖”，对仗工整。

此外，有的豆腐对联还注意引经据典。如“君子淡交”出自《庄子 · 山木》“君子之交淡若水”，“每饭不忘”出自《宋诗钞》等；“相煎太急”典出曹植的“七步诗”，增强了对联的文艺性和知识性。当然，以“燃箕”“燃箕煮豆”来喻“烧制豆浆”，有些牵强。

部分豆腐对联赏析

一肩担日月；双手转乾坤。

赏析：这是一副旧时豆腐店联。日月：当时的豆腐有黄白两色（黄色系用黄栀子水浸过），一黄一白，故以日月为比喻。转乾坤：指推磨做豆腐。

严父肩挑日月；慈母手转乾坤。

赏析：这是明代学者解缙小时候的故事。据说有位大官问小解缙父母在家干什么？小解缙答了上面的对联。其实，解缙家是开豆腐店的，父亲白天黑夜挑水，水桶里映着日光月影，故说“肩挑日月”；母亲天天在家推磨磨豆腐，故说“手转乾坤”。

极恶元凶，随棍打板子八百；穷奢极侈，连篮买豆腐三斤。

赏析：这是清代一位学台老师的自撰联。学台是负责监督一个县的秀才生员的小官，位卑职小，俸银无多，管辖的又是一些无职无权无钱的秀才，各种“孝敬”大概都谈不上，因此生活清苦。但是学台毕竟可以监管秀才，小有权，因此生员们对他也有几分畏惧。身处这种境地，其中况味自知。

这副对联，放言“极恶元凶、穷奢极侈”先声夺人，上联夸张，下联写实，却是一反其意，因而在冷冰冰板着的面孔中，透出自嘲、讪笑。

旋轮磨上流琼液；煮月铛中滚雪花。

赏析：这副对联出自明代景泰十才子之一的苏平所作的《咏豆腐》一诗。“琼液”“雪花”均指豆浆。此联叙述的是豆腐的磨浆、煮浆。

大烹豆腐，茄、瓜、菜；高会山妻，儿、女、孙。

赏析：某贫士自撰联。上联写生活之清苦，下联写交游之贫乏。这其中未写而写的一个字是“穷”。穷则生计窘迫，饮食寡淡，亲友疏远，往来断绝。但这位贫士并没有哀叹贫穷、嫉恨亲友，他写“大烹”“高会”，都是化平淡为庄重，自尊自重，其乐融融。

请君跳过鱼儿碗；看我搬成肉价钱。

赏析：此联通篇没有写“豆腐”两字，却又紧贴“豆腐”不离。上下联都是化用民谚而来。民谚“跳过鱼儿吃豆腐”，说在酒席桌上，不吃鱼肉，专拣豆腐，意思是恭谦礼让。上联“跳过鱼儿碗”的下文，也就直指豆腐了。民谚“豆腐搬成肉价钱”流传比较广泛，把价格低廉的豆腐搬来搬去，运费加损耗，使豆腐价格攀升到了肉价的水平。当然豆腐还是豆腐，如此折腾，得不偿失。下联“搬成肉价钱”，一望而知，所指也是豆腐。

这副对联脱胎于民谚，但没有沿用民谚的原意，只取其借物喻理的形象——豆腐，浅而不露，机智诙谐。

瓦缶澄来银有影；金刀割处玉无痕。

赏析：上联大处落笔，寥寥七字就写出凝浆成腐的工艺过程，下联细致入微，一刀写出卖豆腐时入刀技法和豆腐嫩滑质感；“银有影”“玉无痕”的比喻把原来平俗的豆腐写得高雅清灵，其美化宣传作用不言而喻，笔法之高超令人虽垂涎而又不忍吞“玉”，叹为观止！

米酒醇，米醋醇，缺少胆固醇；豆腐白，豆浆白，含多高蛋白。

赏析：这是在民间流传的一副黄酒豆腐对联。是几个做豆腐和黄酒酱醋的农民合租一间房子做生意，开业时在门口所贴的对联。这副对联不但宣传了自己的产品，又提醒人们过上富裕生活后要讲究饮食的科学调剂，正确为身体补充营养。特别是一些年纪大的人及高血压、心脏病患者看了对联心领神会，成为常客。联语贴近生活实际，为小店带来了顾客与财源。

有酒，有肉，有豆腐；无儿，无女，无妻室。

横批是：一人过年

赏析：这是传说中一个光棍贴春联的故事。人家过年男女老幼阖家欢乐，贴春联，放鞭炮，自己过年也得像过年样，尤其贴对子不能免俗。因此，光棍汉给自己写了一副对联。

一日食此臭豆腐；三日不识肉滋味。

横批是：臭名远扬

赏析：这是一家臭豆腐店的对联，对联以臭豆腐比肉已妙极，更妙的是不遮不掩，直言坦承“臭”，不仅“臭”，而且“臭名远扬”！

下大雨恐中泥鸡蛋豆腐留女婿子莫言回。

赏析：这幅上联相传为清人钟耘舫的岳父下雨时挽留女婿的话，看似平常，实则用心良苦，绝妙异常。上联巧用谐音的修辞手法，皆是古代人名：夏大禹、孔仲尼、姬旦、杜甫、刘禹锡、子莫、颜回。因难度太大，至今无人能对出下联。

杜甫吃豆腐，饱了肚腹。

赏析：这是一副对联的上半联，看起来有些简单，但细读一下就可看出作者采取了“杜甫”“豆腐”“肚腹”相谐的手法，要想对出确实不易。

六、豆腐歇后语

大蒜拌冻豆腐——难拌（办）

释义：比喻事情棘手，很难处理。

大海里翻了豆腐船——汤里来、水里去

释义：形容四处劳苦奔波。

冬天进了豆腐房——好大的气

释义：比喻大发脾气。

豆腐掉在灰堆里——打不得、拍不得

释义：比喻轻了不行，重了也不行；或遇到麻烦事，左右为难。

豆腐做的人——碰不得

释义：比喻脾气大，性情暴躁，惹不得，批评不得。

豆腐身子——不禁摔打

释义：形容人的身体瘦弱。

豆腐干炒韭菜——青青（清清）白白

释义："青"与"清"谐音，"白"语义双关。形容很纯洁，没有污点。

豆腐干煮肉——有分数（有荤也有素）

释义：形容心中有底。

豆腐乳煮菜——哪敢多盐（言）

释义："盐"与"言"谐音。比喻不敢多说话。

豆腐板上下象棋——无路可走

释义：比喻毫无办法。

豆腐坊里的石磨——道道就是多

释义：比喻人有主意、办法多。

豆腐佬摔担子——倾家荡产

释义：比喻遭受损失非常严重。

豆腐渣上船——不是货

释义：讽刺有人人品道德不好、行为不正。

干菜拌豆腐——有盐（言）在先

释义："盐"与"言"谐音。比喻事先已经把话说明。

狗吃豆腐脑——衔（闲）不住

释义："衔"与"闲"谐音。比喻闲不下来。

快刀打豆腐——两面光

释义："光"语义双关，既指光滑，又指光彩。比喻为人处世圆滑、两面讨好。

筷子顶豆腐——竖（树）不起来

释义："竖"与"树"谐音。用筷子顶着松软的豆腐，还没有竖起来，豆腐就碎了。借指人或事树立不起来。

懒人做豆腐——有渣可吃

释义：比喻懒人办不了大事，干不成重要的事情。

老豆腐切边——充白嫩

释义：比喻有的人为人处事装模作样、弄虚作假。

雷公打豆腐——从软处下手

释义：形容有人依仗权势欺负软弱的人。

馒头里面包豆腐渣——旁人不夸自己夸

释义：比喻事情做得不太好，还自我夸耀。

没牙的老太太吃豆腐——正是可口的菜

释义：比喻正适合某种需要。

卖豆腐的买了两亩老洼地——浆里来水里去

释义：比喻得而复失、白费力气。

拿豆腐挡刀——招架不住

释义：用松软的豆腐不能抵挡锋利的刀。形容抵制不了。

拿豆腐垫台脚——白挨

释义：豆腐很松软，根本垫不住桌脚。比喻白白遭受损失。

青菜炒豆腐——一青（清）二白

释义："青"与"清"谐音。比喻为人处世清白无瑕。

石膏点豆腐——一物降一物

释义：原指一种东西制服另一种东西；实指某人某物专有另一人另一物来制服。

豌豆尖炒豆腐——来青去白

释义：比喻为人光明正大、始终清白无瑕。

武大郎卖豆腐——人松货软

释义：比喻软弱无能。

莴笋烧豆腐——青青（清清）白白

释义："青"与"清"谐音。比喻为人清白、纯洁。

小葱拌豆腐——一青（清）二白

释义："青"与"清"谐音。比喻一个人为人清白、纯洁。

张飞卖豆腐——人强货软

释义：形容人顽强，但是没有真本领。

其他豆腐歇后语

八仙吃豆腐——各有各的吃法、各有各的味

白菜熬豆腐——谁也不沾谁的油水

半截砖炒豆腐——有软有硬

出家人打坐吃豆腐——嘴里心里都有佛（腐）

臭豆腐——闻着臭，吃着香

搭戏台卖豆腐——好大的架子

大王卖豆腐——人硬货不硬

冻豆腐上市——软货硬卖

豆腐炖骨头——有软有硬

豆腐放在杀猪锅里——沾油水

豆腐拌腐乳——越拌（办）越糊涂

豆腐变千张——越压越挤越硬朗
豆腐锅里揭层皮——不是千张是挑皮（调皮）
豆腐店里做豆腐——靠压
豆腐店老板卖磨——没法推了
豆腐坊里的把式——没有硬货
豆腐坊里的掌柜——一股渣气
豆腐师傅勒胡子——拖泥带水
豆腐嘴巴刀子心——口软心狠
豆腐做匕首——软刀子
青菜煮豆腐——没什么油水
豆腐打地基——底子软
豆腐堆里一块铁——数它最硬
豆腐垫鞋底——一踏就烂
豆腐上楔钉子——底子差
豆腐喂老虎——口素（诉）
豆腐里吃出骨头来——无事生非
豆腐烩豆芽——一姓不一家
豆腐倒在柴堆里——不可收拾
豆腐坐班房——平白无故
豆腐脑儿挑子——两头热
豆腐店开在河边——汤里来、水里去
豆腐店里的东西——不堪一击
豆腐店里的磨子——不压不做
豆腐炒虾酱——变了味
豆腐房里的老母猪——一肚子渣
豆腐房丢了磨盘——没得推了
豆腐渣上船——算个啥货
豆腐渣下水——全散了
豆腐渣包包子——捏不到一起
豆腐渣包饺子——用错馅了

豆腐渣贴门神——两不粘（沾）
豆腐渣上供——糊弄神仙
豆腐渣洒水饭——哄鬼
豆腐渣炒藕片——迷了眼
豆腐渣拌樱桃——有红有白
豆腐渣下水——轻松
豆腐渣包饺子——捏不拢
豆腐渣擦屁股——没个完
豆饼做豆腐——有些粗
钢丝穿豆腐——没法提
关公卖豆腐——人硬货软
黄豆煮豆腐——父子相认
叫花子搁不住臭豆腐——穷烧
叫花子吃豆腐——一穷二白
快刀打豆腐——干净麻利
快刀打豆腐——八面光
快火熬豆腐——一个劲地咕嘟
豆腐——哪还用盐（言）
辣椒炒豆腐——外辣里软
雷公打豆腐——不堪一击
老和尚煎豆腐——头光，面也光
麻绳捆豆腐——不提也罢
马尾穿豆腐——提不起来
卖肉的切豆腐——不在话下
木耳烧豆腐——黑白分明
拿豆腐挡刀——自不量力
嫩豆腐——好拌（办）
排骨烧豆腐——有软有硬
清水煮豆腐——淡而无味
肉骨头烧豆腐——软硬兼施

三个钱的豆腐脑——现盛（成）
石卵子拌豆腐——软硬不调和
四两豆腐半斤盐——咸味（贤惠）
四两豆腐烧一锅——烩（会）多
手捧豆腐过独木桥——手抖心也慌
手捧豆腐打孩子——虚张声势
手捧豆腐跳大神——扭得欢，抖得更欢
水豆腐——不经打
铁匠铺里卖豆腐——软硬兼施
铁嘴豆腐脚——硬在嘴上
咸菜煮豆腐——不用多盐（言）

七、豆腐民谣

做豆腐

豆腐磨，圆又圆，天天日日找本钱。没钱人做生意，真可怜！一锅豆汁三担水，半夜三更要爬起，邻居说我半夜鬼，老婆骂我没出息。哎唷喂，气得我要死！

车水歌

你车水来我栽秧，人儿勤快地不荒。今日车水俺帮你，明日栽秧帮俺忙。日头当顶歇歇晌，白米干饭豆腐汤。

车水歌

车水车水救黄秧，老米干饭豆腐汤。“哧溜哧溜”两碗半，干起活来干劲长。

家家户户拐豆腐

腊月忙着办年货，家家户户拐豆腐。拐豆腐，拐豆腐，一年到头都有“福”。

小日子过得像一朵花

磨豆腐，干部夸；卖豆腐，车子化，二三十里不算啥。钢磨一响票子来，还有肥猪喂多大。盖房娶亲买农机，小日子过得像一朵花。

淮南市有三奇

淮南市有三奇：八公山豆腐肥王鱼，乌溜溜的金子压地皮。

比不上八公山的豆腐皮

怀远的石榴砀山梨，瓦埠湖的毛刀鱼，比不上八公山的豆腐皮。

舍不得八公山的豆腐汤

舍得蜜，舍得糖，舍得孩子娘，舍不得八公山的豆腐汤。

家家户户磨豆腐

要想富，找财路，家家户户磨豆腐。

多吃番茄营养好

多吃番茄营养好，美容抗癌疾病少；青菜豆腐保平安，水果海藻身体健；一天一苹果，医生远离我。

个个吃得白又胖

吃煎饼一张张，孬粮好粮都出香，又卷豆腐又抿酱，个个吃得白又胖。

吃豆腐歌

一个老婆婆，清闲要吃长生菜，拿个研盆细细磨。下饭东西真不够，软的少，硬的多。鸡腿蹄筋滋味少，咬嚼不来可奈何！不如买块豆腐酱油、麻油拌，有时烧烧腌肉汤，有时滚油煎豆腐，有时麻油拌豆腐，朝朝夜夜吃豆腐。

豆腐歌

一粒豆，两花开，磨起豆腐白皑皑。旋起盐卤云头倍，剖起豆腐四方块。菩萨前头海一海，酱油蘸蘸是好菜。

安徽凤阳民谣

皇帝请客，四菜一汤，萝卜韭菜，着实甜香；小葱豆腐，意义深长，一清二白，贪官心慌。

注：这是明太祖朱元璋的家乡凤阳流传着的“四菜一汤”的歌谣。据说朱元璋当上皇帝后，一次给皇后过生日，只用一碗萝卜、一碗韭菜、两碗青菜、一碗小葱豆腐汤来宴请众官员，而且约法三章：今后不论谁摆宴席，只许四菜一汤，谁若违反，严惩不贷。

致富歌

要想富，磨豆腐，浆水喂牛渣喂猪。天长滴水能成河，日久积累少成多。种桐树，养母猪，不出三年就致富。

半夜三更磨豆腐

咕噜噜，咕噜噜，半夜三更磨豆腐。磨成豆浆下锅煮，加上石膏或盐卤，一压再压成豆腐。

挨豆干，挨豆腐

挨[①]豆干，挨豆腐，请亲家，弄破厝[②]。请亲姆[③]，起[④]大厝，大厝起花园。

注：此为泉州歌谣① 挨：推。② 弄破厝：砸坏房屋，这里形容为热情款待亲家而忙碌的情景。弄，这里指挤。③ 亲姆：儿子的丈母娘或女儿的婆婆，这里与“亲家”义同。④ 起：盖起。

解析：推磨盘，碾豆浆；做豆腐，制豆干。请亲家，真繁忙；屋里屋外闹翻天。请“亲姆”，来帮忙；齐心盖起大洋房。

推磨，摇磨

推磨，摇磨，推粑粑，请嘎嘎（外婆），推豆腐，请舅母，舅母不来，捞根滑竿去抬，滑竿一断，把舅母的屁股摔得稀粑烂。

推豆腐

推豆腐，接舅舅，舅舅不吃菜豆腐。推粑粑，接家家（外婆），家家不吃酸粑粑，打开鼎罐煮腊肉，腊肉煮不熟，抱着鼎罐哭。

扁担打着我的脚

哎哟哟，扁担打着我的脚，先莫哭，找点药。什么药？膏药。什么膏？鸡蛋糕。什么鸡？公鸡。什么公？老公公。什么老？豆腐脑。什么豆？豌豆。什么湾？台湾。什么抬？抬你坐上花轿来。

月亮婆

月亮婆，推干馍。干馍香，烧豆浆。豆浆辣，烧枇杷。枇杷苦，烧豆腐。豆腐薄，烧牛角。牛角弯，弯上天。天又高，买把刀。刀又快，好切菜。菜又长，好买羊。羊不走，好买狗。狗不吃面疙瘩，一刀切成秃尾巴。

懒汉懒

懒汉懒，织毛毯。毛毯织不齐，又去学扶犁。扶犁嫌辛苦，又去磨豆腐。推磨太费劲，又去学唱戏。唱戏不入调，又去学抬轿。抬轿抬得慢，又想吃闲饭。闲饭吃不成，误了他一生。

嘴嘟嘟

嘴嘟嘟，卖豆腐，嘴扁扁，卖牛眼，嘴圆圆，卖粄圆，嘴长长，卖猪肠。

圪扭儿圪扭儿磨豆腐

圪扭儿圪扭儿磨豆腐，磨下两碗臭豆腐，你一碗，我一碗，隔墙冒给狗一碗。

指纹歌

一腡穷，二腡富，三腡四腡卖豆腐，五腡六腡骑马过河，七腡八腡开当卖老婆，九朋十朋金子银子打秤砣。

一朋富，二朋贵，三朋平平过，四朋卖豆腐，五朋背刀枪，六朋杀爹娘，七朋骑白马，八朋坐天下，九朋九，背快口，十朋全，中状元。十朋空，做斋公。

一朋穷，二朋富，三朋开当铺，四朋担水磨豆腐，五朋平平过，六朋捞老婆，七朋谷满仓，八朋看牛上山岗，九朋九头鸟，十朋十粪箕，有钱无人知。

一朋穷，二朋富，三朋四朋蒸酒卖豆腐。五朋六朋打草鞋，七朋八朋挑粪卖。九朋一操，骑马背官刀。十朋全，中状元。

一朋穷，二朋富，三朋四朋蒸酒卖豆腐。五朋六朋打草鞋，七朋八朋挑柴卖。九朋一操，骑马背官刀。十朋全，中状元。

十罗

一朋穷，二朋富，三朋造酒醋，四朋卖豆腐，五朋惯刀枪，六朋杀鸡娘，七朋七，讨饭匹，八朋八，做菩萨，九朋九，独只手，十朋全，中状元。十畚箕，有吃又有嬉。

十斗

一斗好，二斗宝，三斗四斗杀马草，五斗六斗卖豆腐，七斗八斗砌大屋，九斗十斗……

椿树芽拌豆腐儿歌

小椿树，棒芽黄，
掐了棒芽香又香，
炒鸡蛋，拌豆腐，
又鲜又香你尝尝。

豆腐谣

腊月到，过年忙，豆腐师傅本领强，

左手烧砻糠，右手抽风箱，
油豆腐沸得光光亮，豆腐干喷喷香，
臭豆腐臭得香，千张一张又一张，
水豆腐压了一箱又一箱，卖不掉的做成霉千张，
你说豆腐师傅本领强不强。

推磨歌

（一）

推磨，摇磨，
推粑粑，请家家（外婆）；
家家不吃菜豆花；
推豆腐，请舅母，
舅母不吃菜豆腐，
打合米来煮，
煮又煮不熟，
急得娃娃哭。

（二）

推磨磨，摇磨磨，
推个粑粑——嘿（十分）糯。
推豆腐——请舅母，
推粑粑——请家家。

（三）

推磨，摇磨，
推的粑粑很糯。
娃娃要吃七八个，
叽嘎叽嘎又推磨。
推豆腐，请舅母，
舅母不吃菜豆腐。
打碗米来慢慢煮，

煮来煮去煮不熟，
只好抱着罐罐哭。

牵豆腐

依呀呜，牵豆腐，
牵个豆腐水露露，
养个伲子棒柱大，
步槛底下直钻过。
娘话道刚丢脱则吧，
老子话道勿舍得个，
牵牵豆腐也好个。
咕嗞咕嗞……

注：唱此童谣时，家长和小孩子相对而坐，手和手拉在一起，然后边唱边模仿牵磨。“伲子”，方言，儿子。

小孩儿小孩儿你别馋

小孩儿小孩儿你别馋，过了腊八就是年，腊八粥，喝几天，哩哩啦啦二十三；二十三，糖瓜粘；二十四，扫房子；二十五，冻豆腐；二十六，去买肉；二十七，宰公鸡；二十八，把面发；二十九，蒸馒头；三十晚上熬一宿；初一、初二满街走。

谁跟我玩，打火镰儿

火镰花儿，卖甜瓜。甜瓜苦，卖豆腐。豆腐烂，摊鸡蛋。鸡蛋鸡蛋磕磕，里边坐个哥哥。哥哥出来买菜，里面坐个奶奶。奶奶出来烧香，里面坐个姑娘。姑娘出来点灯，烧了鼻子眼睛。

孝感儿歌

月亮哥，跟我走，

走到天上提笆篓。
笆篓破，摘莲果。
莲果尖，触上天。
天又高，万把刀。
刀又快，切盐菜。
盐菜苦，打豆腐。
豆腐甜，留到过年。

苏州玄妙观

苏州玄妙观，东西两判官，
东判官姓潘，西判官姓管；
东判官手里拿块豆腐干，
西判官手里拿块萝卜干；
东判官要吃西判官手里的萝卜干。

第五编　中国豆腐走向世界

20世纪80年代，美国著名的《经济展望》杂志宣称："未来十年，最成功、最有市场潜力的并非汽车、电视机，而是中国的豆腐。"时至今日，正如其所说，中国豆腐走向了世界，成为西方餐桌上的珍馐。

一、豆腐传日之说

鉴真塑像

日式居酒屋最耐人寻味的不是串烧或刺身，而是清清白白、简简单单的豆腐。今人寻常可见的豆腐，一度是日本江户初时贵族、武士阶层的奢侈食材，逐渐流行于世后，还有文人为其著书立传。

但从时间上追溯，至于豆腐何时传入日本，目前还无定论，较受认可的是“鉴真说”。该说法认为鉴真于757年东渡日本时，带去了丰富多彩的唐代文化，相传其中也包括豆腐的制造法，从此，日本史书上逐渐出现关于豆腐制作的记载。至今，日本豆腐业犹奉鉴真为师祖，如日本豆腐包装袋上印有“唐代豆腐干、黄檗山御前、淮南堂制”的字样。因唐代淮南节度使即置于扬州，亦即鉴真法师的“故乡”。不过，学者们至今还没有找到日本在中国唐代已有豆腐的证据。

除此之外，亦有不同观点认为，豆腐传入日本并不能归结为鉴真一人的功劳，而应是由镰仓室町时代留学中国的僧侣们带回的。日本镰仓室町时代相当于中国的宋代，这在时间上便与“鉴真说”有出入。部分日本学者如青木正儿，在《唐风十题》里专作《豆腐》，其中提到室町中期女安元年（1444年）

的《下学集》中首现“豆腐”一词，以此佐证“镰仓室町说”。

豆腐传入日本之后，日本人不断对其进行改造，以适合大和民族的独特口味，产生了诸如京都豆腐、油炸豆腐串、关东煮等多种豆腐菜形式。而民国初年，宜宾人陈建民移居日本，带去了麻婆豆腐，为配合日本人口味，稍加改造，多甜少辣，大受欢迎，遂与青椒肉丝、回锅肉、鱼香茄子几味并成日本人钟爱的中华料理。

二、 美国人与豆腐

豆腐在中国虽然已有悠久的历史，且至迟在宋代已东传至朝鲜半岛和日本，但到 19 世纪，才逐渐传入欧洲、非洲、北美，而直到 20 世纪六七十年代，豆腐才开始出现在寻常美国人的餐桌上。尽管美国营养学家、医生和卫生官员都不断劝诫人们，豆腐含有大量蛋白质、钙及不饱和脂肪酸，不含胆固醇，热量很低，但或许是习惯了肉类、快餐的香浓滑腻，美国人总认为豆腐口感粗糙，不好吃。

然而，随着三高食物带来的诸多麻烦，营养丰富的大豆食品因为对癌症、心血管疾病、糖尿病和骨质疏松等具有积极的预防作用而逐步被人们认识和接受。美国营养学专家说，如果每天食用 80 克大豆食品，就能使患癌症的风险降低 40%。因此，近年来，豆腐在美国受到越来越多的人的追捧。

为了使豆腐走进更多的西方家庭，指导人们如何烹饪豆腐的食谱书籍也应运而生。这些食谱把豆腐和西方人熟悉的烹饪方式结合起来，佐以西式调味料，使西方人更容易接受。比如有一本书，书名就很有趣——《这不可能是豆腐!》。该书收录了 75 个豆腐菜谱，包括炒豆腐、炸豆腐、西式豆腐南瓜汤、咖喱豆腐、菠萝豆腐炒饭和豆腐春卷等，甚至把豆腐调入果汁和奶昔中。

豆腐食谱的出现，对在美国推广食用豆腐和健康饮食观念起到了积极的作用，特别是一些过去因钟爱高脂肪、高热量食品而患心血管疾病的人，豆腐成了他们每天必吃的食物，一些“大胖子”用豆浆代替可乐，用豆腐代替奶酪和肉类，也取得了极好的减肥效果。现在，常吃豆腐、爱吃豆腐的美国人越来越多，普通超市中随处可见豆腐，许多餐饮店内都能看到凉拌豆腐等豆腐菜肴。

三、加拿大人把豆腐带进奥运会

加拿大人很早就开始种植大豆了，但并不会做豆腐。20 世纪 60 年代，中国及其他亚洲国家移民的大量涌入，才使加拿大人第一次见识了豆腐，不过很多人都不喜欢它，甚至大人在教训孩子时也会说："走开，不然就给你吃豆腐！"

从 20 世纪 80 年代开始，"少吃肉、多吃素"等健康饮食观念开始深入人心，豆腐逐渐受到人们的欢迎。2000 年 10 月，加拿大豆制食品业协会掀起了一场"多吃豆腐有益健康"的宣传高潮，使豆腐一下子成了"明星食品"；绿色和平组织和动物保护协会也建议人们把豆腐作为替代肉食的首选食物。如今，在加拿大各地的超市里都能买到各种各样的豆腐以及豆制品。每年，加拿大人至少要吃掉约 1400 万千克豆腐制品。

营养学家们纷纷出书或撰写文章介绍豆腐的营养价值。营养学家在《自然生活》杂志中发表文章指出，与肉类和乳制品相比，豆腐的热量非常低，比如 88 克的豆腐仅含 120 卡路里的热量，却能为人们提供 13 克的蛋白质、8 毫克的铁和 120 毫克的钙。加拿大温哥华圣保罗医院健康心脏计划的营养专家指出，过多食用红肉不仅会导致肥胖，还会引发心脑血管疾病，但红肉中的蛋白质和矿物质对人体又十分重要，能够代替它的最好的植物性食物就是豆腐。

过去，加拿大人在豆腐的吃法上以中式、韩式和日式为主。后来，营养学家和业内人士不断探索中西结合的豆腐新吃法。各种介绍豆腐菜制作方法的书籍十分畅销。更有意思的是，加拿大人还随着奥运会把豆腐带回了它的故乡。

2008 年 8 月，在北京召开的第 29 届夏季奥林匹克运动会上，三位加拿大名厨以志愿者的身份来京搭起“奥运灶”，每天为加拿大运动员烧菜做饭。为了让运动员在比赛之余能吃到家乡菜，三位大厨在出发前就炮制好了“奥运食谱”。这份“奥运食谱”包含了三四十种加拿大风味菜品，但其中有一道中国菜“家常豆腐”。为学做“家常豆腐”，厨师们还特地在 5 月从加拿大飞到北京，利用参加加拿大驻华使馆“中加美食节”的机会，向中国厨师学艺。

四、美国洛杉矶豆腐节

“洛杉矶豆腐节”于每年8月举办，与会民众很多，影响甚广。然而，这项活动从无到有，全是一家日本豆腐公司的杰作。曾经参加过洛杉矶豆腐节的华资餐馆业者都有一个感想：为什么华人社区不能定期举办健康美食节，替华人非营利社团筹募经费?

豆腐这项健康食品明明是中国人的发明，但在“小东京”举行的洛杉矶豆腐节上，却成为“日本食品”。日本豆腐公司每年出资4万多美元举办这项活动，既达宣传推广之效，又替“小东京”服务中心筹款，还让主流社会的人士建立豆腐是日本食品的印象，参加的华资餐馆业者看在眼里，心里很不是滋味。

豆腐节虽然规模愈办愈大，参加的华资餐馆业者却有减少的趋势。细究原因，无利可图是主因，不愿替日本厂商做嫁衣，不愿为日裔社团筹募经费也是一大原因。华资餐馆业者指出，南加州华资豆腐公司有多家，缺乏经费的华人非营利社团更多，为什么华人社区不能举办类似活动？若举办此类活动，既可替非营利社团筹款，又可吸引主流社会人士光临华人社区，提高华人社区的形象与知名度。

华资餐馆业者指出，“洛杉矶豆腐节”这个名称已被日裔社区使用，华人社区若举办类似活动，可以“健康美食节”为名。除餐馆之外，也可广邀医疗机构、健保公司、相关厂商、政府与社区服务单位等参加，同时替洛杉矶华人社区增加一项全家皆可参与的周末活动。

五、德国人爱上中国豆腐

20 世纪末，欧洲出现了疯牛病，随后又发生了口蹄疫、禽流感，使得人们一度对肉类产品产生了恐惧，素食主义开始兴起。也就在此时，豆腐开始在德国畅销起来，很多华人开始投资开豆腐店，一时间，德国出现了百多家生产豆制品的华人企业，豆制品产量每年以两成的速度增加。

最开始时，这些华人企业只生产豆腐、豆浆等制品，主要消费者是在德亚洲人，习惯了肉食美味的德国人则觉得清淡无味。后来，许多华人企业开发出了海鲜味、麻辣味、咖喱味等口味多元的即食豆腐，以及各种各样的豆腐干、豆腐罐头、素鸡、素肠、素牛排等豆制品，受到了德国人的青睐。再后来，又有华商研发出配合西餐食谱的豆腐，如色拉豆腐、铁板豆腐、甜品豆腐等，有的更别具匠心地创制了豆腐素烤鸭、豆腐蛋糕、豆腐雪糕等，深受德国人喜爱。

豆腐被称为“中国奶酪”，如今“豆腐热”早已席卷德国。德国很多媒体还推出了“中国豆腐专栏”，称“豆腐是世界上最美味可口的佳肴”。德国食品药物管理部门还将豆腐列为“具有减少冠心病风险等功效的健康食物”。《怎样吃豆腐》《豆腐健身宝典》等书籍也开始畅销。《法兰克福汇报》甚至预言：“未来十年，最有市场潜力的并非德国汽车，而是中国豆腐。”

现在，很多德国人已经用豆腐干取代了看电视时吃的薯片；在德国大学食堂，在宝马、大众等著名企业的食堂，也都有豆腐招牌菜；在超市，想买新鲜豆浆甚至还得预订。在德国有一家生产豆浆的企业，他们的广告词耐人寻味：“为什么几千年前的中国人能造出长城，因为他们吃大豆！”

六、中国豆腐法国传播者——李石曾

清代末年，实业家李石曾先生，将豆腐传入法国。

李石曾，又名李煜瀛，河北高阳人，教育家，国民党四大元老之一。其父李鸿藻，历任清代兵部、史部、礼部尚书及军机大臣、协办大学士等要职，还是同治皇帝的老师，地位显赫。李石曾虽然生活在这样的家庭，却是“不守本分”的人。1902 年随驻法公使孙宝琦赴法国，入蒙达顿农校学习。1906 年毕业后，复入法国巴黎的巴斯德学院学习生物化学。1907 年，李石曾成立“远东生物化学学会”。李石曾首次用化学方法分析出大豆的成分，发现其营养成分和牛奶相仿，并以“大豆”为名，将此研究成果以法文发表，引起了法国生物界和饮食界的关注。喝过李石曾亲手制作的豆浆的法国人，称它为“中国奶”，于是中国豆制品在欧洲打开市场，声名鹊起。1909 年，他成立了“豆腐公司”，并在巴黎市郊哥伦布村开设了一家豆腐工厂。产品有豆腐、豆浆、豆面、豆粉、豆皮等多种，同时，为了迎合欧洲人的口味，还生产“豆咖啡”“豆可可”，以及用豆面制成的各种糕点等。当时欧洲各国关系紧张，经济环境压抑，牛奶短缺而昂贵，李石曾大力宣传豆浆的营养价值，于是豆浆很快成为法国人的时髦饮料。当时的法国总理班乐卫曾是李石曾的同学，李石曾请

李石曾

法国巴黎中国豆腐工厂

他到厂里来参观，并品尝精美的豆制品。班乐卫赞不绝口，称赞李石曾为法国人的餐桌增添了美味佳肴。

不久，中国豆腐从法国逐渐传遍了整个欧洲。

白嫩嫩的豆腐、热腾腾的鲜豆浆、薄如羽翼的豆皮、金黄诱人的豆腐干，盛在精美的陶瓷容器里，错落有致地摆放在一张榆木雕花桌上。这绝不是一场饭局。在容器侧面粘贴的标签上，赫然写着“中国特产”。这是比利时布鲁塞尔世界博览会中国馆的一幕场景。它记录了中国豆腐食品首次亮相世博会的精彩瞬间。这次展出的豆制品就是李石曾的豆腐公司制作的。

同时，李石曾还带着自己的豆制品参加了巴黎万国博览会，一时名声大噪，并很快在欧洲享有盛誉，被誉为“美味素食”，李石曾也因此获得“豆腐博士”的雅号。李石曾还在巴黎蒙帕纳斯大街开设了第一家中国餐馆（在欧洲恐怕也是首创），名为“中华饭店”，烹调的豆腐菜式大受欢迎。

七、在澳大利亚卖臭豆腐的中国留学生——唐琳

在澳大利亚的唐人街上，一家叫“中国臭豆腐”的店里常常座无虚席，柜台前排队的顾客，眼睛直盯着炸臭豆腐的锅，等待着臭豆腐出炉。不仅在唐人街上，现在澳大利亚很多街头都有中国臭豆腐专卖店，老板就是曾在悉尼大学读书的浙江留学生唐琳。

唐琳以前在唐人街老乡所开的餐馆中当服务员。一次，店里来了几名浙江客人，一坐下，客人便问：“你们这里有绍兴的臭豆腐卖吗？”唐琳摇了摇头。客人扫兴地说：“你们不是浙江餐馆吗？怎么连臭豆腐也没有！”客人走后，他试探着对老板说：“既然澳大利亚买不到臭豆腐，我们为什么不做一些卖呢？”老板却认为澳大利亚人习惯吃西餐，对臭豆腐这种陌生的东西闻着都怕，做臭豆腐肯定不会有市场。

但唐琳不死心，他坚信中国臭豆腐在澳大利亚会有市场前景。于是，唐琳咬咬牙，决定回国一次，拜师学艺。

拜师学艺一个月后，唐琳回到澳大利亚。可是，正当唐琳架起简单的炉灶，在学校附近刚刚开张时，警察没收了他的工具，并且警告他，如果再这样卖臭豆腐，就要重罚他。原来，臭豆腐的臭味让澳大利亚人实在闻不惯，于是投诉了他。

唐琳觉得要想打开澳大利亚市场，一定要先从华人入手。于是，唐琳联系了悉尼一些大学的中国留学生举办联谊会，亲自带着臭豆腐去给他们免费品尝。当月，店里卖出去了 80 多份臭豆腐。

此时，唐琳已经动起了另外一个脑筋。为了让臭豆腐更具有品牌效果，唐琳与老板商讨开了一家“中国臭豆腐”专卖店，没想到该店几乎轰动了整

个唐人街，“5 元人民币 8 小块的臭豆腐是贵了点，但比起国内的小摊子经营，开个专卖店，老百姓才觉得新鲜、干净，肯定有人觉得值”。

开业第一天，顾客排着长队，当然都是些当地华人，只有几个澳大利亚人听了介绍后觉得稀奇才凑热闹来了。

唐琳知道要想把生意做好，必须让澳大利亚人认可臭豆腐。

唐琳通过多次试验发现，先把臭豆腐油炸至黄色，再用荷叶包裹，在煎牛排的时候，放入底部，臭豆腐和荷叶的香味都会浸入牛排里，这比澳大利亚正宗的牛排更香气逼人。唐琳把这起名为“中国牛排”，这“中国牛排”一面市，立刻引起了爱吃时髦东西的澳大利亚人的兴趣。除此之外，唐琳还提供包装外带，他为臭豆腐量身制作了一个精品包装盒，客户携带方便，送给亲戚朋友也拿得出手。

唐琳的专卖店生意越来越红火，这个闻起来臭，吃起来香的东西，让许多澳大利亚人纷纷竖起大拇指，并迅速风靡澳大利亚。

八、威廉·夏利夫、青柳昭子与豆腐

威廉·夏利夫，斯坦福大学工程学、人文及教育学毕业，曾参与和平工作团，在尼日利亚教授物理，并旅行于世界各地。

青柳昭子，毕业于贵格教派的友谊学校和女子艺术大学，曾从事流行服饰设计行业，并在美国某黄豆食品公司担任插图画家和设计师，同时，她也是威廉·夏利夫的妻子。

他们两人曾跟着顶尖的黄豆食品研究人员、制造者、营养学家、历史学家以及厨师一起研究黄豆食品。两人关于黄豆食品的著作已超过50种，被印刷了75万册以上。1976年，夏利夫和昭子在美国成立“黄豆食品中心”，致力于将这种传统且健康的食品介绍给西方世界，并且在全国各地进行巡回演讲、实地示范，获得各界热烈的响应，也让西方世界重新认识了黄豆。他们还建置了“Soya Scan资料库”，这是一个全世界最大的黄豆及黄豆食品资料库，其中汇集了超过55000笔资料。他们采用广泛、多元且跨学科的方式来介绍黄豆食品，目的是希望用大众及专家都能理解的语言，传达有关黄豆食品的传统做法以及现代科学知识，来解决世界上的饥荒以及众人所关心的健康永驻问题。

“一块土地用来耕种作物所能喂养的人数，比牧养肉牛要多上好几倍。”夏利夫说，“如果豆腐能取代美国饮食中百分之三十的肉类，我就很高兴了。”

豆腐之所以能成为西方家喻户晓的食物，夏利夫与昭子功不可没。他们夫妇是《豆腐之书》《味噌之书》及《天贝之书》等书的作者。

1975年时，还没有几个美国人知道豆腐是什么东西，甚至连最粗浅的概念都没有。如今，无数的超市及健康食品店都贩卖豆腐，每个人都开口说豆腐，张嘴吃豆腐，知道豆腐的人一下子变得这么多，这一切得归功于夏利夫和昭子，他们的著作《豆腐之书》，已经被热衷于豆腐的人们当成《圣经》。

夏利夫与昭子相遇后不久，两人就以极佳的合作方式，烹煮、介绍都市早已失传的传统豆腐制作技术及食谱，夏利夫和昭子经常背着行囊跋山涉水到偏远内陆或离岛，那些地方几乎不曾有美国人涉足。虽然大师级的豆腐师傅通常不肯透露自己的秘方，但是夏利夫和昭子的热诚及学习欲望却让这些大师大为感动，进而愿意与他们分享自己的专业知识。

夏利夫和昭子撰写的《豆腐之书》

《豆腐之书》在 1975 年出版，这本书不到一个月就销售一空，在来年仍收到热烈的响应。两人的第二本作品《味噌之书》，探讨的是发酵后的黄豆酱，也和《豆腐之书》一样大为成功。他们的第三本书《天贝之书》，写的是一种在印度尼西亚及全远东地区都很受欢迎的豆制品，也一样广受好评。

九、几内亚有个“豆腐王”

来自广西南宁的李乃轩闯荡非洲18年，2001年来到几内亚后就再没离开过。但圈中却鲜有人知道他的真名，大家都喊他“豆腐李”。他近8年来只做了一件事——做豆腐。这个看似不起眼的小生意却被他做得有声有色，并最终在异国他乡站稳脚跟。

2004年，还在几内亚一家中资公司当厨师的李乃轩咬牙掏出所有积蓄盘下一个豆腐坊。之后无论当地局势如何动荡，他都一直咬牙坚持。随着2010年几内亚大选成功举行，这个国家最终结束了长期动荡，越来越多的中国人来到这个国家，他的生意渐渐好起来。李乃轩说，身在异乡的同胞最思念家乡菜，几乎每个到几内亚的中国人都吃过他做的豆腐。吃腻了当地的烤鸡、烤肉后，他们总喜欢买两块豆腐来解馋。几内亚不产大豆，李乃轩所有原料都从国内发货，各种费用加起来，也是一笔不小的花费。有时一个货柜能在海上漂4个月，等到了几内亚，大豆早已霉变。这样一来，几内亚的豆腐卖出“肉价”也就不奇怪了。可即使是“肉价”，李乃轩的豆腐仍然供不应求，想要豆腐还得提前打电话预订。

像许多远赴非洲的中国商人一样，李乃轩凭借小本买卖，苦心经营，咬牙坚持，等到慢慢在当地扎下了根，就将同乡或亲友带过来，挣钱的同时还能互相依靠。现在，“豆腐李”已把儿女都接到几内亚，并且安排好了工作，没有了家的牵挂，他将更加一门心思地继续他在几内亚的事业。